大学电工与电子技术实验教学示范中心教材

总主编 段书凯 马 燕

模拟电子技术实验

主 编 陈跃华 赵庭兵 王丽丹
副主编 李北川 王进华 宋培森

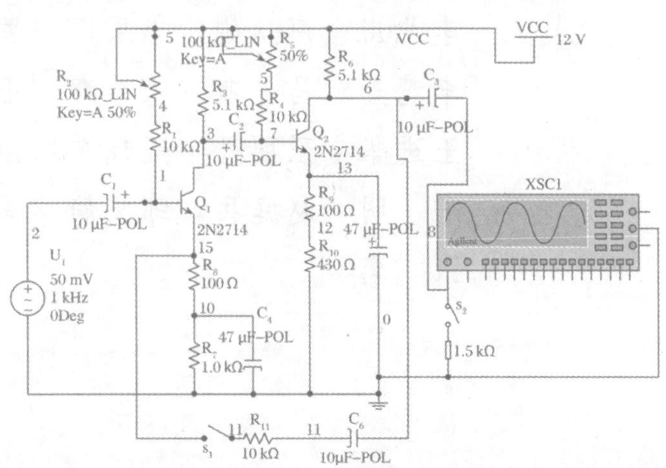

国家一级出版社 全国百佳图书出版单位

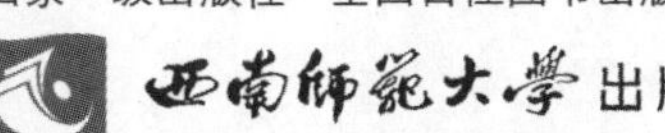

编委会

大学电工与电子技术实验教学示范中心教材

序

大学电工与电子技术实验教学示范中心教材

为深入贯彻落实《教育部关于全面提高高等教育质量的若干意见》(教高〔2012〕4号)和《教育部等部门关于进一步加强高校实践育人的若干意见》(教思政〔2012〕1号)文件精神,根据《教育部、财政部关于"十二五"期间实施"高等学校本科教学质量与教学改革工程"的意见》(教高〔2011〕6号),教育部大力加强专业类实验教学示范中心建设,实验教材建设是其中的重要内容。

本系列丛书作为电子信息类专业的实验指导教程,主要培养学生的创新能力和实际操作能力。当前的电子信息类专业的实验教材存在一些问题,例如,实验课时较少,学生实际动手操作能力不强;实验教学形式单一,没有针对学生的具体情况来制定相应的教学方案;实验教学计划、教学大纲比较陈旧,已不能很好地满足学生发展的需要等。因此,改革当前的电子信息专业的实验课程,注重在实验教学中培养学生的创新实践能力有着十分重要的意义。

本系列教材突出了教学科研有机结合,实现科研成果向实验教学内容的有效转化,使学生了解科技最新发展和学术前沿动态,激发科研兴趣,启迪科研思维,掌握科研方法,培养科研道德,提升科学研究和科技创新的能力。教材中的每个实验都包含实验目的、实验原理、实验设备、实验预习要求、实验步骤、实验现象等内容，而且每个实验都有 Multisim 的仿真步骤，为学生的预习提供了方便。本系列丛书将几门课程的实验综合于一体，删除一些重复和过时的实验课程，为学生减少学习任务；而与此同时又新增了一些设计和综合性的实验，着重培养学生的创新能力和实际操作能力，使学生通过实验教学“掌握基本的实验操作方法，能够正确地使用仪器设备，准确地采集实验数据。具有正确记录、处理数据和表达实验结果的能力；认真观察实验现象进行判断、逻辑推理、得出结论的能力；正确设计实验(包括选择实验方法、实验步骤和仪器设备等)，并通过查阅手册、工具书及其他信息源获得信息以解决实际问题的能力。

该系列教材是在融合电子信息学科的自身特点，并汲取多位专家建议的基础上编撰而成。当然，编写实验课程的教材是一项比较浩大的工程，本系列教材仅仅是一次探索、一次尝试，疏漏差错在所难免。但我们愿以此抛砖引玉，欢迎广大读者批评指正。

编　者

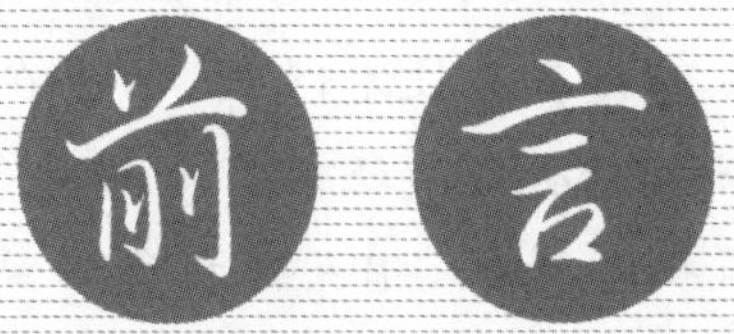

前言

“模拟电子技术”是相关学科专业的一门重要的技术基础课，实验是学习者学习和掌握这门课程的重要环节。同以往的实验教材比较，本实验指导书在内容和宗旨上都有了较大改变，旨在更有效地培养学习者的实验技能和创新能力，促进学习者全面而富有个性地发展。实验课一是采用实物实验与仿真实验相结合的形式，打破传统实验观念，以使实验教学形式更加灵活，实验内容、手段更加丰富，也为学生提供更多动脑动手的机会，二是精选了一些具有实战价值的综合实验以培养学生分析、解决实际问题的能力。三是实验中所例元件符号，尽可能采用国际常用符号。在附录中列出了部分基本技能训练知识，可在实验前学习掌握。

第一章安排了具有可选余地的 13 个模拟电子技术基础实验，以满足学习者“纸上得来终觉浅，绝知此事要躬行”的要求。通过实验不仅要达到巩固和加深学生对所学电子技术理论知识的理解，熟悉电子电路中常用电子元器件的性能，掌握常用电子仪器的使用和电子电路测量基本原理和方法的目的，还要达到在“做中学”与“学中做”中逐步形成知识与技能的目的。

第二章安排了8个模拟电子技术综合实验，有的注重功能实现，从而了解电路的一些典型应用；有的注重调试方法，从而培养解决实际问题的能力；还有一类实验是要通过理论计算来正确理解电路，从而指导调试和应用。本实验指导书虽然提供了完成实验的参考技术路线，但旨在抛砖引玉，实验者不必受此约束，以完成任务为目标，根本目的还是在于培养学生分析问题和解决问题的能力。实验可通过查阅参考资料、相互探讨等方式进行，从而锤炼意志、培养协作精神，进而形成正确的情感态度与价值观。

第四章安排了5个在电路仿真设计软件Multisim 9.0平台上的模拟电子技术实验，旨在借助于计算机仿真的强大功能，突破时间和空间的限制，使实验方式更加灵活。这也代表了现代电子设计的理念和发展方向，彻底模糊了动脑和动手的界线。

由于编者水平有限，加之时间仓促，本书不妥之处在所难免，恳请批评指正。书末附有作者多年收集整理的一些资料，供实验时参考。

编　者

目录

第一章 模拟电子技术基础实验

实验一 PN 结基础实验

一、实验目的

1. 学会识别二极管的常见类型、外观和相关标识。
2. 掌握使用万用表等仪器检测各类二极管的一般方法。

二、实验原理

(一)二极管的主要参数

正向电流 I_F:在额定功率下,允许通过二极管的电流值。

正向电压降 V_F:二极管通过额定正向电流时,在两极间所产生的电压降。

最大整流电流(平均值)I_{OM}:在半波整流连续工作的情况下,允许的最大半波电流的平均值。

反向击穿电压 V_B:二极管反向电流急剧增大到出现击穿现象时的反向电压值。

反向峰值电压 V_{RM}:二极管正常工作时所允许的反向电压峰值,通常 V_{RM} 为 V_B 的三分之二或略小一些。常见二极管如图 1-1-1 所示。

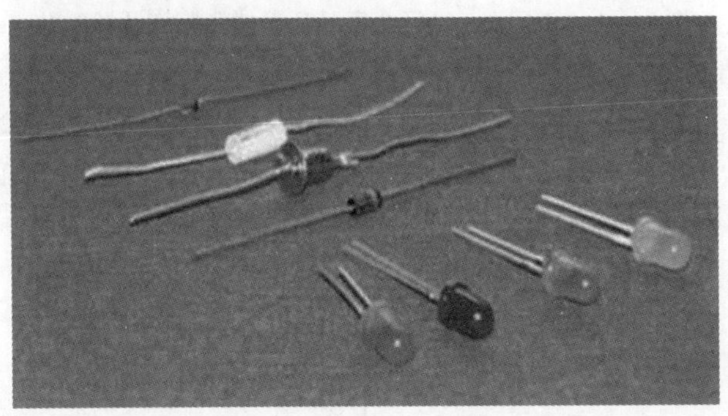

图 1-1-1 常见二极管

反向电流 I_R:在规定的反向电压条件下流过二极管的反向电流值。

结电容 C:电容包括势垒电容和扩散电容,在高频场合下使用时,要求结电容小于某一规定数值。

最高工作频率 F_M:二极管具有单向导电性的最高交流信号的频率。

(二)常用二极管

1. 整流二极管

将交流电流整流成为直流电流的二极管称为整流二极管,它是面结合型的功率器件,因结电容大,故工作频率低。

通常,I_F 在 1 A 以上的二极管采用金属壳封装,以利于散热;I_F 在 1 A 以下的采用全塑料封装,由于近代工艺技术不断提高,国外出现了不少较大功率的管子,也采用塑封形式。如图 1-1-2、图 1-1-3 所示。

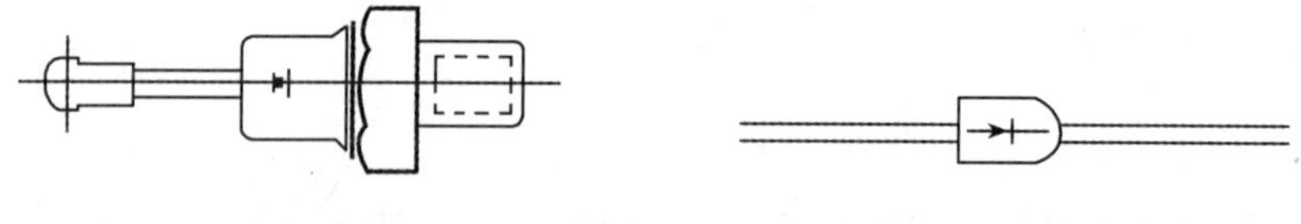

图 1-1-2 全密封金属结构　　图 1-1-3 塑料封装

2. 检波二极管

检波二极管是用于把叠加在高频载波上的低频信号检出来的器件,它具有较高的检波效率和良好的频率特性。

3. 开关二极管

在脉冲数字电路中,用于接通和关断电路的二极管叫开关二极管,它的特点是反向恢复时间短,能满足高频和超高频应用的需要。

开关二极管有接触型,平面型和扩散台面型几种,一般 $I_F < 500$ mA 的硅开关二极管,多采用全密封环氧树脂,陶瓷片状封装,引脚较长的一端为正极,如图 1-1-4 所示。

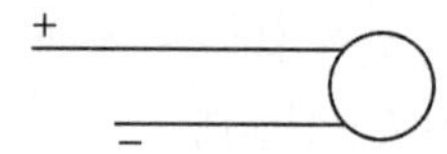

图 1-1-4 硅开关二极管全密封环氧树脂陶瓷片状封装

4. 稳压二极管

稳压二极管是由硅材料制成的面结合型晶体二极管,它是利用 PN 结反向击穿时的电压基本上不随电流的变化而变化的特点,来达到稳压的目的,因为它能在电路中起稳压作用,故称为稳压二极管(简称稳压管),其图形符号见图 1-1-5 所示。

图 1-1-5 稳压二极管的图形符号

当反向电压达到 Vz 时,即使电压有一微小的增加,反向电流亦会猛增(反向击穿曲线很陡直),这时,二极管处于击穿状态。如果把击穿电流限制在一定的范围内,管子就可以长时间在反向击穿状态下稳定工作。稳压管的伏安特性曲线如图 1-1-6 所示。

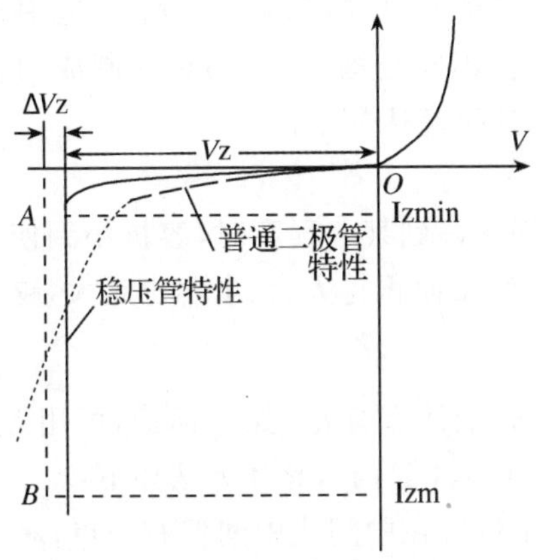

图 1-1-6　硅稳压管伏安特性曲线

5. 变容二极管

变容二极管是利用 PN 结的电容随外加偏压而变化这一特性制成的非线性电容组件,被广泛地用于参量放大器,电子调谐及倍频器等微波电路中。变容二极管主要是通过结构设计及工艺等一系列途径来突出电容与电压的非线性关系,并提高 Q 值以适合应用。

变容二极管的结构与普通二极管相似,其符号如图 1-1-7 所示。

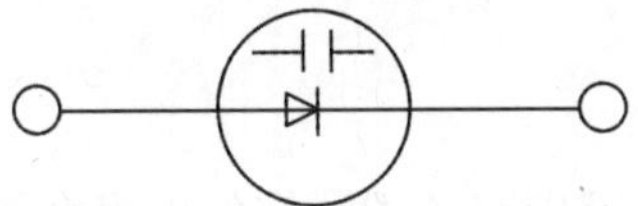

图 1-1-7　变容二极管图形符号

(三)选用二极管要注意的几个方面

1. 正向特性

加在二极管两端的正向电压(P 为正、N 为负)较小时(锗管小于 0.1 V,硅管小于0.5 V),管子不导通,处于"死区"状态,当正向电压超过一定数值后,管子才导通,电压再稍微增大,电流急剧增加。不同材料的二极管,起始电压不同,硅管为 0.5～0.7 V 左右,锗管为 0.1～0.3 V 左右。

2. 反向特性

二极管两端加上反向电压时,反向电流很小,当反向电压逐渐增加时,反向电流基本保持不变,这时的电流称为反向饱和电流。不同材料的二极管,反向饱和电流大小不同,硅管约为一微安到几十微安，锗管则可高达数百微安。另外，反向饱和电流受温度变化的影响很大，锗管的稳定性比硅管差。

3. 击穿特性

当反向电压增加到某一数值时，反向电流急剧增大，这种现象称为反向击穿，这时的反向电压称为反向击穿电压。不同结构、工艺和材料制成的管子，其反向击穿电压值差异很大，可由一伏到几百伏，甚至高达数千伏。

4. 频率特性

由于结电容的存在，当频率高到某一程度时，容抗小到使 PN 结短路，导致二极管失去单向导电性，不能工作。PN 结面积越大，结电容也越大，越不能在高频情况下工作。

(四)二极管检测方法

二极管的极性通常在管壳上注有标记，如无标记，可用万用表电阻挡测量其正反向电阻来判断(一般用 R×100 或×1 k 挡)，具体方法如下：

正向检测硅管，表针指示位置在中间或中间偏右一点；对于锗管，表针指示在右端靠近满刻度的地方表明管子正向特性是好的，如果表针在左端不动，则管子内部已经断路。

反向检测硅管，表针在左端基本不动，极靠近 0 位置；对于锗管，表针从左端起动一点，但不超过满刻度的 1/4，则表明反向特性是好的，如果表针指在 0 位，则管子内部已短路。

三、实验器材

1. 直流稳压电源；2. 函数信号发生器；3. 示波器；4. 数字万用表；5. 数字毫伏表；6. 实验电路板和连接导线；7. 计算机及其仿真软件。

四、预习要求

1. 仔细阅读“常用电子器件”中有关 PN 结的内容介绍。
2. 预习此次实验内容，了解实验目的、内容和基本步骤。

五、实验内容

(一)用万用表测量二极管的正负极

用模拟万用表对半导体二极管正负极进行简易测试时，要选用万用表的欧姆 R×10 和 R×1 K 挡。与万用表“+”输入相连的红表笔与表内电源的负极相通，而与万用表“−”输入端相连的黑表笔却与表内电源的正极相通。当测量出的电阻值较小时，黑表笔接的为二极管正极，反之，为负极，如图1-1-8所示。

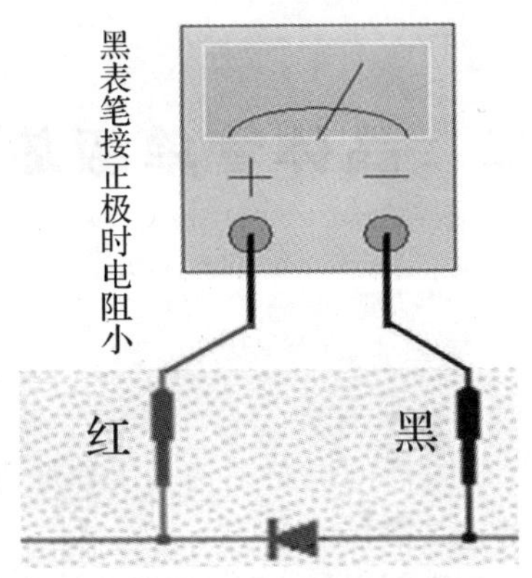

图 1-1-8　二极管正负极检测

(二)普通发光二极管的检测

1. 用万用表检测。利用具有×10 kΩ 挡的指针式万用表可以大致判断发光二极管的好坏。正常时,二极管正向电阻阻值为几十至 200 kΩ,反向电阻的值为∞。如果正向电阻值为 0 或为∞,反向电阻值很小或为 0,则已损坏。这种检测方法,不能实地看到发光管的发光情况,因为×10 kΩ 挡不能向 LED 提供较大正向电流。

如果有两块指针万用表(最好同型号)可以检查发光二极管的发光情况。用一根导线将其中一块万用表的"+"接线柱与另一块表的"－"接线柱连接。余下的"－"笔接被测发光管的正极(P 区),余下的"+"笔接被测发光管的负极(N 区),即两表串联使用。两块万用表均置×10 Ω 挡。正常情况下,接通后就能正常发光。若亮度很低,甚至不发光,可将两块万用表均拨至×1 Ω 挡,若仍很暗,甚至不发光,则说明该发光二极管性能不良或损坏。应注意,不能一开始测量就将两块万用表置于×1 Ω 挡,以免电流过大,损坏发光二极管。

2. 外接电源测量。用 3 V 稳压电源或两节串联的干电池及万用表(指针式或数字式皆可)可以较准确测量发光二极管的光、电特性。如果测得 V_F 在 1.4～3 V 之间,且发光亮度正常,可以说明发光正常;如果测得 $V_F=0$ 或 $V_F\approx 3$ V,且不发光,说明发光管已坏。

六、实验报告

1. 实验电路。
2. 实验内容及实验步骤、实验数据。
3. 列表整理测量结果,分析产生误差原因。
4. 总结用万用表检测二极管的一般方法。

七、注意事项

必须整理实验数据,把实测数据与理论值进行比较,分析原因。

实验二 晶体管单级放大器

一、实验目的

1. 加深理解共射极晶体管放大器的电路结构和工作原理，加深理解电路元件参数对放大器性能的影响，掌握调整静态工作点的方法。

2. 进一步熟悉放大器的基本技术指标，掌握测量放大倍数、输入电阻、输出电阻以及最大不失真输出电压幅值的方法。

3. 熟悉常用电子实验仪器的使用方法。

4. 完成温度影响直流工作点的仿真实验研究。

二、实验原理

放大器电路的基本任务是不失真地放大输入信号。要使放大器能够正常工作，必须为其设置合理的静态工作点。为了获得最大不失真的输出电压，静态工作点一般应该选在晶体三极管输出曲线交流负载线的中点。如果工作点选得过高，就会引起饱和失真；而选得过低，会引起截止失真。对于小信号而言，由于放大器输出交流信号幅度很小，非线性失真不是主要问题，因此，静态工作点不一定要选在晶体三极管输出曲线交流负载线的中点，而可根据其他技术要求选择。如静态工作点选低一点，可使耗电小、噪声低、输入阻抗高；希望放大器增益高，静态工作点可适当选高一些。放大器基本电路如图 1-2-1 所示。放大器电路结构应满足晶体三极管发射结正向偏置，集电结反向偏置的电压关系。

三、实验器材

1. 直流稳压电源；2. 函数信号发生器；3. 示波器；4. 数字万用表；5. 数字毫伏表；6. 实验电路板和连接导线；7. 计算机及其仿真软件。

四、预习要求

1. 了解共射极晶体管放大电路的结构和工作原理，熟悉基本技术指标。

2. 了解 Multisim 9.0 仿真软件的功能，熟悉仿真实验方法。

3. 了解饱和失真、截止失真和非线性失真的原因，并观察波形，了解消除失真的方法。

4. 熟悉常用电子实验仪器的使用方法。

五、实验内容

1. 测量并计算静态工作点

实验按图 1-2-1 接线。

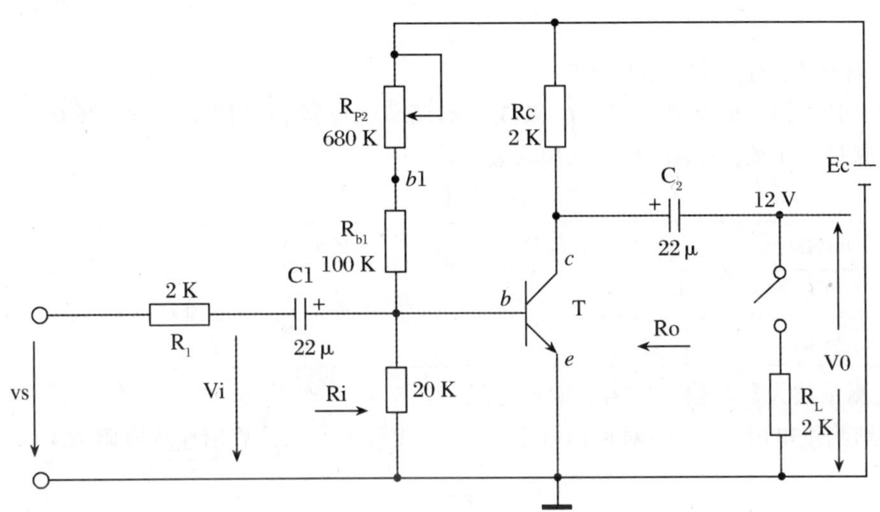

图 1-2-1 共射级晶体管放大电路

调节电位器 R_{P2}，使 $V_C=Ec/2$（取 6～7 V），测静态工作点 V_C、V_E、V_B 及 V_{b1} 的数值，记入表 1-2-1 中。

按下式计算 I_B、I_C，并记入表 1-2-1 中。

$$I_B=\frac{V_{b1}-V_b}{100\ \text{k}}-\frac{V_b}{20\ \text{k}} \qquad I_C=\frac{E_C-V_C}{R_C}$$

表 1-2-1

调整 R_{P2}	测量			计算	
V_C(V)	V_E(V)	V_B(V)	V_{b1}(V)	I_C(mA)	I_B(μA)

2. 测量电压放大倍数，观察输入输出电压波形和相位关系

在实验步骤 1 的基础上，在输入端接入 $f=1$ kHz，$V_s=20$ mV 的正弦信号，负载电阻分别为 $R_L=2$ kΩ 和 $R_L=\infty$，用双踪示波器观察输入输出电压波形，比较他们的幅度和相位关系。在输出波形不失真的情况下，读幅度记于表 1-2-2 中，并计算电路的电压放大倍数：$Av=V_O/V_i$，把数据填入表 1-2-2 中。

表 1-2-2

$R_L(\Omega)$	V_i(mV)	V_O(V)	A_v
2 k			
∞			

3. 观察 R_C 对放大倍数的影响

在实验步骤 2 的基础上，把 R_C 换成 3 k，调节电位器 R_{P2}，使 $V_C=Ec/2$(取 6～7 V)，并重新测量电压放大倍数，将数据填入表 1-2-3 中。

表 1-2-3

$R_C(\Omega)$	V_i(mV)	V_O(V)	A_v
2 k			
3 k			

4. 测量放大器的输入电阻和输出电阻

分别测量电阻 R_1 两端对地信号电压 V_i 及 Vs，按下式计算出输入电阻 R_i：

$$R_i=\frac{V_i}{V_s-V_i}R_1$$

测量负载电阻 R_L 开路时的输出电压 V_∞ 和接入 R_L(2 k)时的有载输出电压 V_O，然后按下式计算出输出电阻 R_O：

$$R_O=\frac{(V_\infty-V_O)\times R_L}{V_O}$$

将测量数据填入表 1-2-4 中。

表 1-2-4

V_i(mV)	V_s(mV)	$R_i(\Omega)$	V_∞(V)	V_O(V)	$R_O(\Omega)$

6. 观察静态工作点对放大器输出波形的影响，将观察结果分别填入表 1-2-5，1-2-6 中

输入信号不变，用示波器观察正常工作时输出电压 V_0 的波形并描画下来。

逐渐减小 R_{P2} 的阻值，观察输出电压的变化，在输出电压波形出现明显失真时，描画失真波形，并说明是哪种失真。(如果 $R_{P2}=0\ \Omega$ 后，仍不出现失真，可以加大输入信号 V_i，或将 R_{b1} 由 100 kΩ 改为 10 kΩ，直到出现明显失真波形。)

逐渐增大 R_{P2} 的阻值，观察输出电压的变化，在输出电压波形出现明显失真时，描画失真波形，并说明是哪种失真。如果 $R_{P2}=680$ kΩ 后，仍不出现失真，可以加大输入信号 V_i，直到出现明显失真波形。

调节 R_{P2}，同时加大输入信号，使输出电压波形幅值为最大且不失真，测量此时的静态工作点 V_C、V_B、V_{b1} 和输出电压 V_O。

表 1-2-5

阻值	波形	何种失真
正常		
R_{P2}减小		
R_{P2}增大		

表 1-2-6

V_{b1}(V)	V_C(V)	V_B(V)	V_O(V)

六、实验报告

1. 记录、整理实验数据,填入表中,并按要求进行计算。
2. 总结电路参数变化对静态工作点和电压放大倍数的影响。
3. 完成仿真实验内容和电子实验报告。

七、思考题

1. 温度变化是否影响放大器静态工作点?原因是什么?思考减小温度对静态工作点影响的办法?

实验三　射极输出器

一、实验目的

1. 研究射极输出器的性能,熟悉射极输出器电路的特点。
2. 进一步熟悉输入、输出电阻和电压增益的测试方法。
3. 了解"自举"电路在提高射极输出器输入电阻中的作用。

二、实验原理

射极输出器是一种反馈很深的电压串联负反馈放大器,仿真基本电路如图 1-3-1 所示。它有如下几个特点:输出电压与输入电压同相位,电压放大倍数 $Av\approx1$,输入电阻大,输出电阻小,具有良好的跟随性,具有较好的频率特性。常将射极输出器做为测量仪器的输入级用,因此希望有很高的输入电阻。射极输出器的输入电阻由两部分组成,一部分是射极输出器本身的输入电阻，另一部分是偏置电路的等效电阻。提高射极输出器的输入电阻常采用以下两种措施：一是采用多级射极输出器作输入级提高射极输出器本身的输入电阻；二是采用“自举”电路，提高偏置电路的等效电阻。实验选用“自举”电路。自举电路的工作原理：在仿真图 1-3-2 中，偏置电压由 R_2、R_3 分压后通过 R_5 加到晶体管基极。C_3 用大容量电容，对交流信号可视为短路，故 B 点和 C 点的交流电位近乎相等。当交流信号输入时，C 点的电位跟随 A 点的电位变化。由于 B 点和 C 点电位近乎相同，所以 R_5 两端的电压非常小，从 R_5 支路上分流的交流信号电流很小，相当于 R_5 支路对交流信号有很大的等效电阻。因此，偏置电路的等效电阻大大增加。大电容 C_3 的作用是当 A 点的电位升高（或降低）时，使 B 点的电位也跟随变化，这种措施叫“自举”，C_3 被称为自举电容。

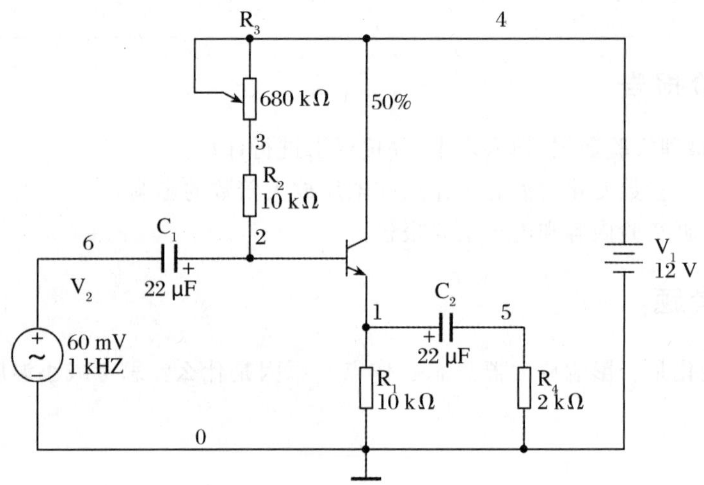

图 1-3-1　射极输出器基本电路

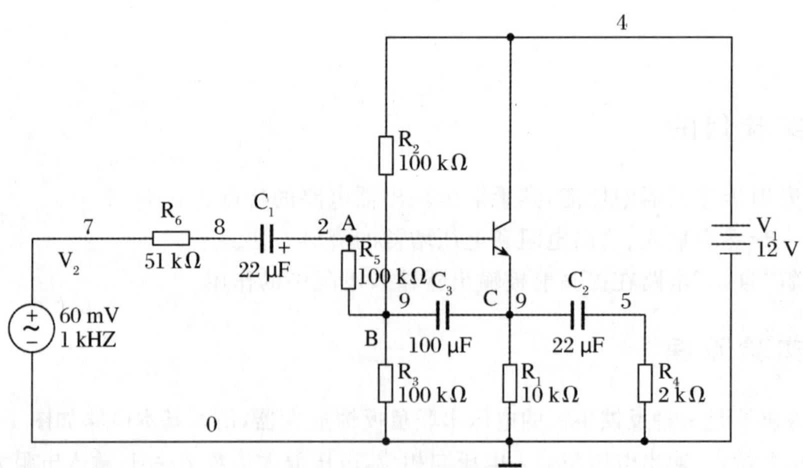

图 1-3-2　自举射极输出器实验电路

三、实验器材

1. 直流稳压电源；2. 函数信号发生器；3. 示波器；4. 数字万用表；5. 数字毫伏表；6. 实验电路板和连接导线；7. 计算机及其仿真软件。

四、预习要求

1. 复习射极输出器电路结构及特点。

2. 了解射极输出器在放大电路中作为输入级、输出级、中间级时所起的作用。

五、实验内容

射极输出器实验电路如图 1-3-3 所示。

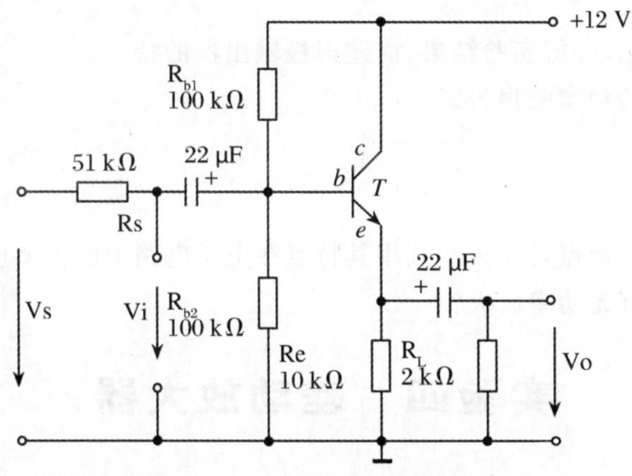

图 1-3-3　射极输出器实验电路

注：实验中如发现寄生振荡，可在 T 管 cb 间接 30 pF 的电容。

1. 测试静态工作点，将结果填写入表 1-3-1 中。

表 1-3-1

待测参数	V_B(V)	V_E(V)	V_C(V)
实测值			

2. 测量电压放大倍数，实验电路中的 R_S 代替信号源内阻，输入信号的频率为 1 kHz，输入信号的幅度选择应使输出电压在整个测量过程中不产生波形失真，在不接负载电阻 $R_L=\infty$ 和接负载电阻 $R_L=2\ \text{k}\Omega$ 情况下将测量结果填写入表 1-3-2 中。

表 1-3-2

待测参数	$R_L=\infty$	$R_L=2\ \text{k}\Omega$				
	V_∞	V_i(V)	V_O(V)	V_s(V)	$A_V=V_O/V_i$	$A_{vs}=V_O/V_s$
实测值						

3. 测量输入、输出电阻，负载电阻 $R_L=2\ \text{k}\Omega$，将测量结果填写入表 1-3-3 中。

表 1-3-3

待测参数	$R_i(\Omega)$	$R_O(\Omega)$
无自举		
有自举		

六、实验报告

1. 整理实验数据，分析实验结果，简述射极输出器的特点。
2. 完成仿真实验和实验报告。

七、思考题

1. 射极输出器的特点是什么？利用其特点在电子电路中的主要应用是什么？
2. 射极输出器有无功率放大？

实验四　差动放大器

一、实验目的

1. 熟悉差动放大器的电路结构，熟悉其各种输入输出方式的组态。
2. 通过实验加深理解差模放大器的工作原理和性能特点。
3. 加深对差动放大器共模抑制比的理解。

二、实验原理

差动放大器是构成多级直接耦合放大电路的基本单元电路，是一种零点漂移很小的直流放大器，也是组成模拟集成电路内部的重要单元电路之一。差动放大器典型电路如下图 1-4-1 所示。当 1、2 连通时为长尾式差动电路，1、3 相连时为恒流源式差动电路。差动放大器电路的特点是：电路结构对称，元器件参数对称。其抑制零点漂移的基本原理是：由于电路相当是将两个稳定工作点单级放大器作面对面连接，因而如果温度升高使 I_{C1} 增加、V_{C1} 下降，则根据对称的原则，I_{C2} 的增加和 V_{C2} 的下降必然要和前者相同，即 $V_O=$

$V_{C1}-V_{C2}=0$,所以零点漂移将被抵消。温度降低作用原理同理。差动放大器按输入输出方式不同,共有以下几种不同的组态:双端差动输入,双端输出;双端差动输入,单端输出;单端输入,双端输出;单端输入,单端输出;共模输入,双端输出;共模输入,单端输出。凡双端输出,差模电压放大倍数与单管共发射极放大器相同,而单端输出时,差模电压放大倍数为双端输出的一半。共模抑制比是衡量差动放大器抑制共模信号的能力的一项重要技术指标,其定义为放大器差模信号电压放大倍数 A_{vd} 与共模信号的电压放大倍数 A_{vc} 之比的绝对值。

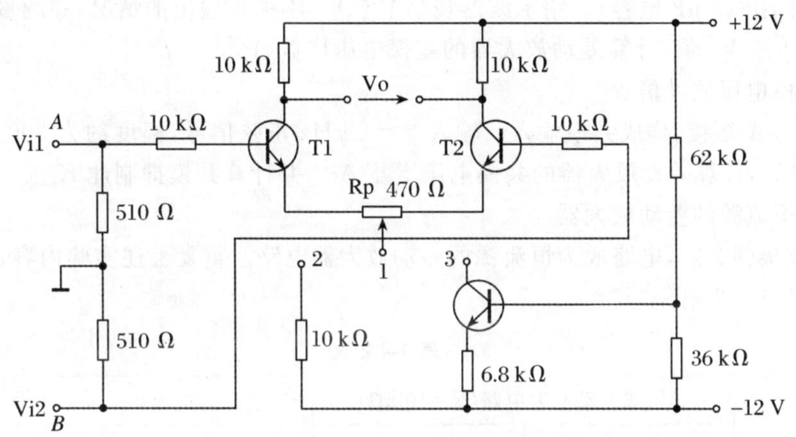

图 1-4-1 差动放大器典型电路

三、实验器材

1. 直流稳压电源;2. 函数信号发生器;3. 示波器;4. 数字万用表;5. 数字毫伏表;6. 实验电路板和连接导线;7. 计算机及其仿真软件。

四、预习要求

1. 学习差动放大器的电路结构和工作原理。
2. 了解差动放大器的各种输入输出组态以及它们的特点。

五、实验内容

1. 按图 1-4-1 接线,1 点接 2 点,构成长尾式差动放大器。
2. 静态测试

用万用表调零,令 $V_{i1}=V_{i2}=0$,调节 R_P 使 $V_O=0$。

测量两管静态工作点,并计算有关参数,填入表 1-4-1 中。

表中电压单位为 V,电流单位为 mA。

表 1-4-1

测量值						计算值					
VT_1			VT_2			VT_1			VT_2		
V_{C1}	V_{B1}	V_{E1}	V_{C2}	V_{B2}	V_{E2}	I_{B1}	I_{C1}	β_1	I_{B2}	I_{C2}	β_2

3. 差模电压放大倍数

B 端接地，由 A 端差模输入 $f=1$ kHz，幅度约为 30 mV 的正弦信号（注意：在信号源与 A 端之间接 22 μF 电容）。用示波器观察 V_{C1}、V_{C2} 不失真输出的情况，并测量输入信号 V_i 及输出 V_{C1}、V_{C2} 值，计算差动放大器的差模电压增益 A_{vd}。

4. 共模电压放大倍数

将 B 与 A 短接，构成共模输入。输入 $f=1$ kHz 正弦信号，幅度约为 300 mV，然后测量 V_{C1}、V_{C2}，计算差动放大器的共模电压增益 A_{VC}，并计算共模抑制此 K_{CMR}。

5. 带恒流源的差动放大器

1 点改接到 3 点，电路成为恒流源的差动放大器电路。重复上述实验内容，并将实验数据填入表 1-4-2 中。

表 1-4-2

	长尾式差动放大电路（$R=10$ kΩ）		恒流源差动放大器	
	差模	共模	差模	共模
V_i	$A=($ $),B=($ $)$	$AB=($ $)$	$A=($ $),B=($ $)$	$AB=($ $)$
V_{C1}(V)				
V_{C2}(V)				
$A_d=Vc_1/V_i$		——		——
$A_{vd}=V_O/V_i$		——		——
$A_{vc}=V_O/V_i$	——		——	
$K_{CMR}=A_{vd}/A_C$				

六、实验报告

1. 整理实验数据，比较典型差动放大器与恒流源差动放大器在差模放大倍数与共模放大倍数以及它们的共模抑制比，并做分析和小结。

2. 完成仿真实验和电子实验报告。

七、思考题

1. 能否将直流差动放大器长尾电路中的 10 kΩ 电阻用大电容器旁路？

2. 加大直流差动放大器中的调零电阻对电路工作有没有影响，为什么？

3. 直流差动放大器的恒流源电路比长尾电路共模抑制比更大的原因是什么？

实验五　集成运算放大器基本运算电路

一、实验目的

1. 进一步理解运算放大器的基本原理，熟悉运算放大器平衡的调整方法。
2. 掌握由运算放大器组成的比例、加法等运算电路和调试方法。
3. 进一步熟悉仿真实验。

二、实验原理

集成运算放大器是一种高放大倍数、高输入阻抗、低输出阻抗的直接耦合多级放大电路，具有两个输入端和一个输出端，可对直流信号和交流信号进行放大。外接负反馈电路后，输出电压 V_O 与输入电压 V_i 的运算关系仅取决于外接反馈网络与输入的外接阻抗，而与运算放大器本身无关。当运放工作在线性区时，具有"虚断"和"虚短"两个特性，通过不同的电路组合，可实现模拟信号的加、减、积分、微分、对数、指数运算，这些运算电路是构成一些复杂运算的基础及其它各种应用的基本单元。LM741 是常见的集成运算放大器，其外引线图及各引脚功能如图 1-5-1 所示。

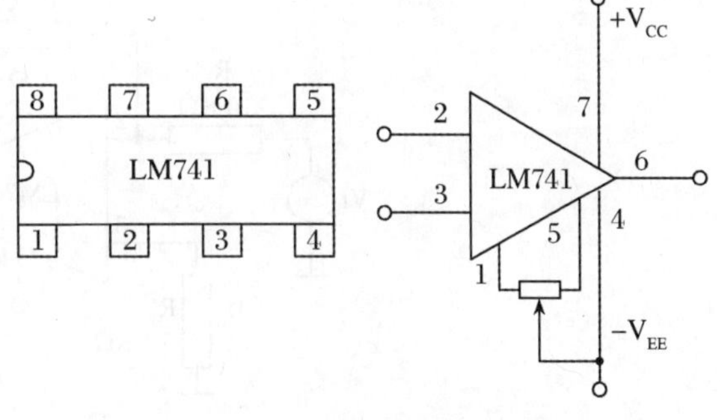

图 1-5-1　LM741 外引线图及各引脚功能

LM741 引脚功能：2-反相输入端；3-同相输入端；7-电源电压正端；4-电源电压负端；6-输出端；1、5-调零端。

LM358 内部有两个互相独立的运算放大器，即 LM358 为双运放，在实际应用中，LM358 可以当作 LM741 一样作为单独一个运放来使用，也可以将它当作两个 LM741 来使用。本实验中的积分运算只使用了其中的一个运放，各引脚功能如图 1-5-2 所示。

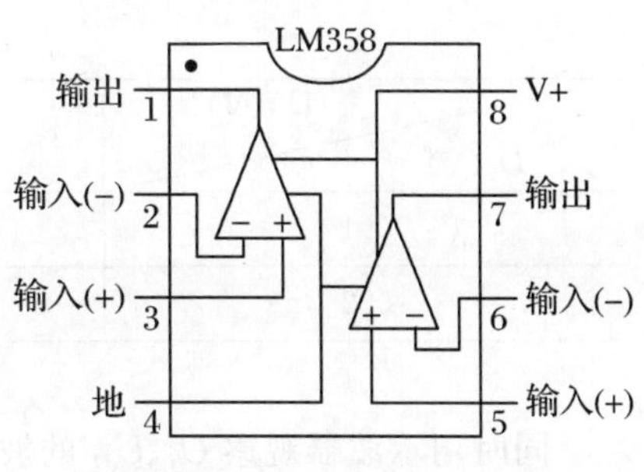

图 1-5-2　LM358 引脚功能图

三、实验器材

1. 直流稳压电源;2. 函数信号发生器;3. 示波器;4. 数字万用表;5. 数字毫伏表;6. 实验电路板和连接导线;7. 计算机及其仿真软件。

四、预习要求

1. 对于由运放构成的同相比例电路,反相比例电路,加、减运算电路,弄清其工作原理及其输出电压表达式。

2. 掌握虚短的概念:集成运放两个输入端之间的电压通常接近于零,即 $U=U_+-U_-\approx 0$,若把它理想化,则有 $U=0$,但不是短路。

3. 掌握虚断的概念:集成运放两个输入端几乎不取用电流,即 $I\approx 0$,如把它理想化,则有 $I=0$,但不是断开。

五、实验内容

1. 验证反相比例运算关系

反相比例运算电路如图 1-5-3 所示。

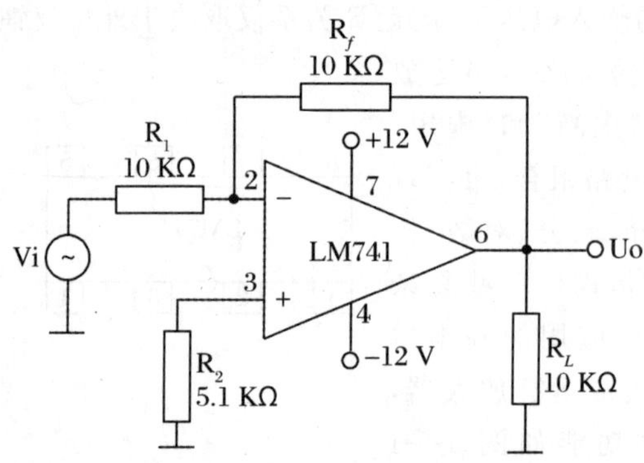

图 1-5-3 反相比例运算电路

将实验结果填入表 1-5-1 中。

表 1-5-1

U_O(V) / U_i(V)	U_O(测试)	U_O(理论)
0.1		
0.2		

同时用示波器观察 U_i、U_O 的波形,其相位关系是______。

2. 同相比例运算关系

其运算关系为 $U_O=(1+\frac{R_F}{R_1})\cdot U_i$，若不接 R_1，或将 R_F 短路，可实现同相跟随功能，即 $U_O=U_i$，同相比例运算电路如图 1-5-4 所示。

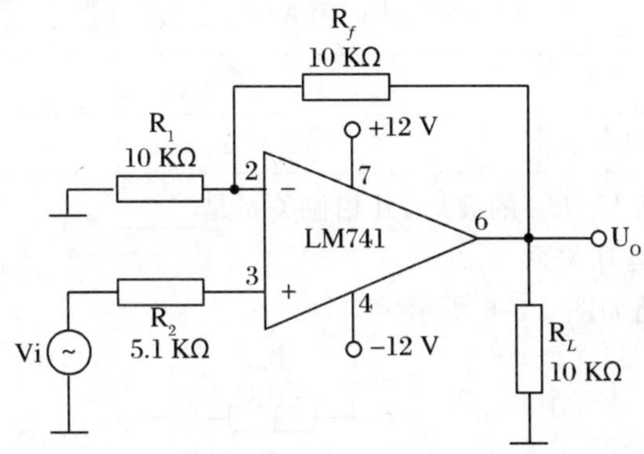

图 1-5-4　同相比例运算电路

输入信号为 $f=1$ kHz 的正弦波。将实验结果填入表 1-5-2 中。

表 1-5-2

U_O(V) / U_i(V)	U_O(测试)	U_O(理论)
0.1		
0.2		

3. 验证反相求和电路的运算关系

反相求和电路如图 1-5-5 所示。

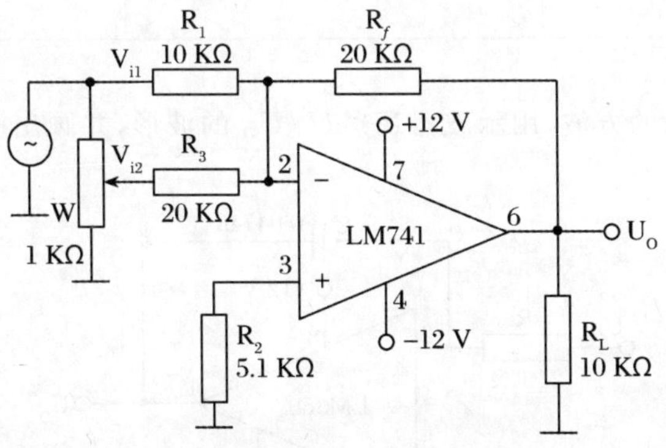

图 1-5-5　反相求和电路

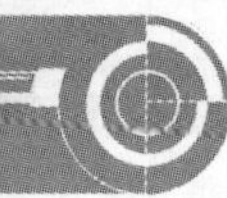

将实验结果填入表 1-5-3 中。

表 1-5-3

U_O(V) / U_i(V)	U_O(测试)	U_O(理论)
$U_{i1}=0.2, U_{i2}=0.1$		
$U_{i1}=0.3, U_{i2}=0.2$		

同时用示波器观察 U_i、U_O 的波形，其相位关系是______。

4. 验证差动比例运算关系

差动比例运算电路如图 1-5-6 所示。

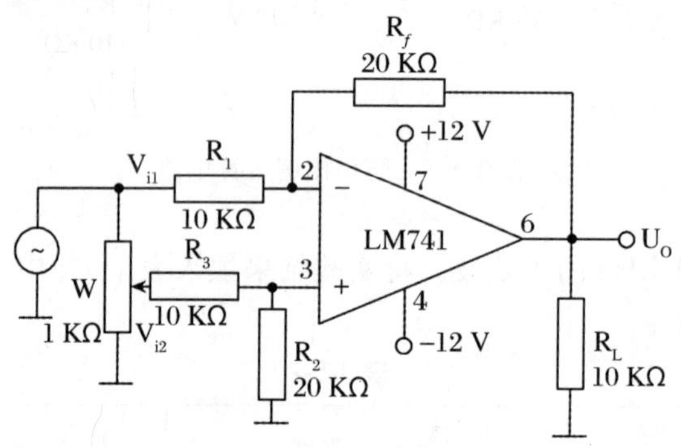

图 1-5-6 差动比例运算电路

将实验结果填入表 1-5-4 中。

表 1-5-4

U_O(V) / U_i(V)	U_O(测试)	U_O(理论)
$U_{i1}=0.3, U_{i2}=0.15$		
$U_{i1}=0.4, U_{i2}=0.1$		

5. 验证积分运算关系

输入 $f=300$ Hz 的方波，用示波器观察 U_i、U_O 的波形，并画出波形图。积分运算电路如图 1-5-7 所示。

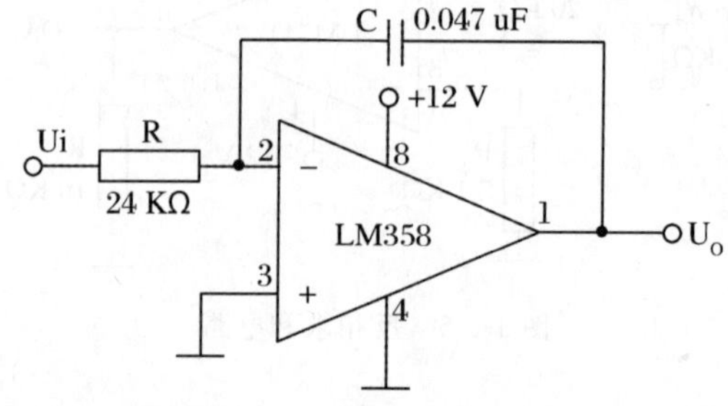

图 1-5-7 积分运算电路

六、实验报告

1. 整理实验数据，填入到对应的数据表格中。
2. 将实测数值与理论计算值相比较，分析产生误差的原因。
3. 画出输入、输出对应的波形，并标明幅值和频率。
4. 记录实验中出现的不正常现象，说明解决的方法。
5. 完成仿真实验和电子实验报告。

七、注意事项

1. 组装电路前须对各个电阻逐一测量。
2. 集成运算放大器的各个管脚不要接错，尤其是正、负电源不能接反。

实验六　RC 正弦波振荡器

一、实验目的

1. 了解双 T 网络振荡器组成与原理及振荡条件。
2. 熟练测量、调试振荡器。

二、实验原理

RC 正弦波振荡器是指只在一个频率下满足振荡条件，从而产生单一频率的正弦波信号的振荡器，它实际是一种正反馈放大电路。正弦波振荡器本身没有输入信号，带选频网络的正反馈放大器，用 R、C 元件组成选频网络，就称为 RC 振荡器，一般用来产生 1 Hz～1 MHz 的低频信号。

1. RC 移相振荡器电路如图 1-6-1 所示，选择 $R \geqslant R_i$。

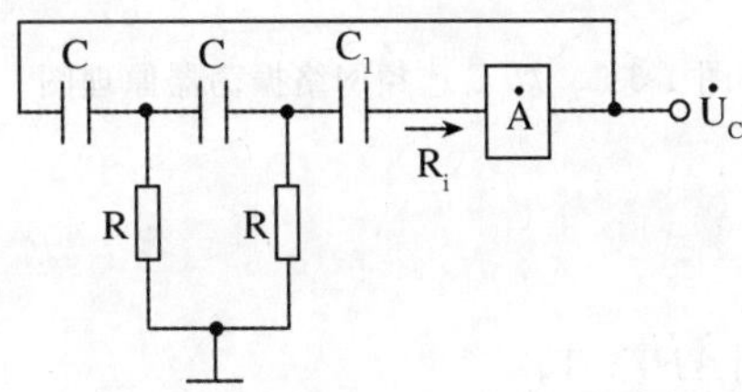

图 1-6-1　RC 移相振荡器原理图

则振荡频率：$f_0=\frac{1}{2\pi\sqrt{6}RC}$。

起振条件：放大器 A 的电压放大倍数$|\dot{A}|>29$。

电路特点：简便，但选频作用差，振幅不稳，频率调节不便，一般用于频率固定且稳定性要求不高的场合。

频率范围：几赫兹到几十千赫兹。

2. RC 串并联网络（文氏桥）振荡器电路如图 1-6-2 所示。

振荡频率：$f_0=\frac{1}{2\pi RC}$。

起振条件：$|\dot{A}|>3$。

电路特点：可方便地连续改变振荡频率，便于加负反馈稳幅，容易得到良好的振荡波形。

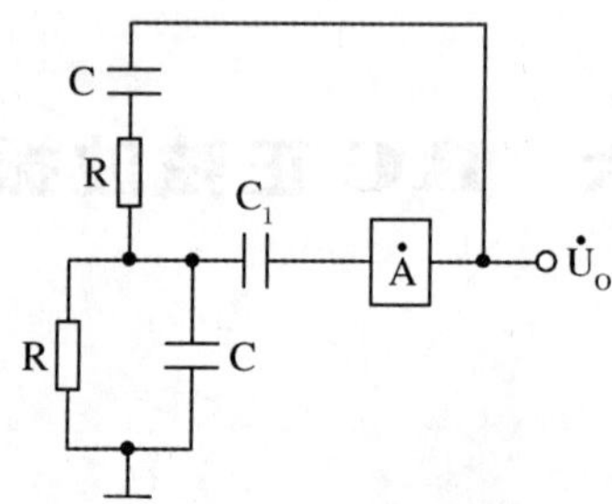

图 1-6-2　RC 串并联网络振荡器原理图

3. 双 T 选频网络振荡器电路如图 1-6-3 所示。

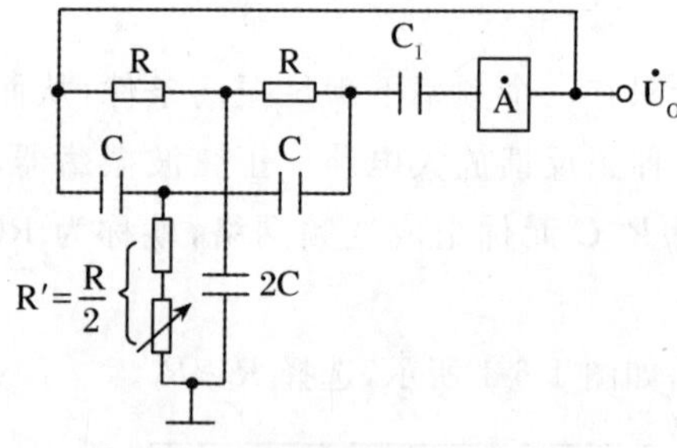

图 1-6-3　双 T 选频网络振荡器原理图

振荡频率：$f_0=\frac{1}{5RC}$。

起振条件：$R'<\frac{R}{2}$　　$|\dot{A}\dot{F}|>1$。

电路特点：选频特性好，调频困难，适于产生单一频率的振荡。

三、实验器材

1. 直流稳压电源;2. 函数信号发生器;3. 示波器;4. 数字万用表;5. 数字毫伏表;6. 实验电路板和连接导线;7. 计算机及其仿真软件。

四、预习要求

1. 复习三种类型 RC 振荡器的工作原理。

2. 计算三种实验电路的振荡频率。

3. 如何用示波器来测量振荡电路的振荡频率。

五、实验内容

(一)RC 串并联选频网络振荡器

1. 按图 1-6-4 连接线路。

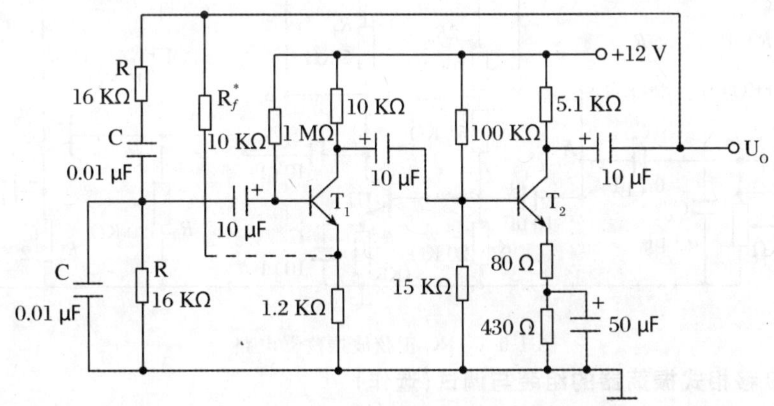

图 1-6-4 RC 串并联选频网络振荡器

2. 接通 RC 串并联网络,调整反馈电阻 R_f,使电路起振,且输出电压波形为最大不失真的正弦波,用示波器观测输出电压 U_O 波形,并记录之。如不能起振,则说明负反馈太强,应适当加大 R_f。如波形失真严重,则应适当减小 R_f。

3. 测量输出电压 U_O 和正反馈电压 U_F 和振荡频率 f_0,记录表 1-6-1 中,并与计算值进行比较。

表 1-6-1

项目	U_O	U_F	f_0
测量值			
计算值			

4. 改变 C 或 R 值(可在 R 上并联同一阻值电阻),观察振荡频率变化情况。

5. 测量两级电压放大电路的闭环电压放大倍数 AU_f

R_f 保持不变,将 RC 串并联网络与放大器断开,启动函数信号发生器,使之产生与振荡频率 f_0 一致的正弦信号,注入两级电压放大电路的输入端(取代正反馈电压 U_F),使输出 U_O 等于原值,测此时的 U_i 值,则 $AU_f=U_O/U_i$。

(二)双 T 选频网络振荡器

1. 双 T 网络先不接入(A 与 A'、B 与 B'先不连接),调 V_1 管静态工作点,使 V_B 为 3～5 V。

2. 接入双 T 网络用示波器观察输出波形。

3. 用示波器测量振荡频率并与预习值比较。

4. 由小到大调节 $1R_P$ 观察输出波形,并测量电路刚开始振荡时 $1R_P$ 的阻值(测量时断电并断开连线)。

5. 将双 T 网络与放大器断开,用信号发生器的信号注入双 T 网络,观察输出波形。保持输入信号幅度不变,频率由低到高变化,找出输出信号幅值最低的频率。

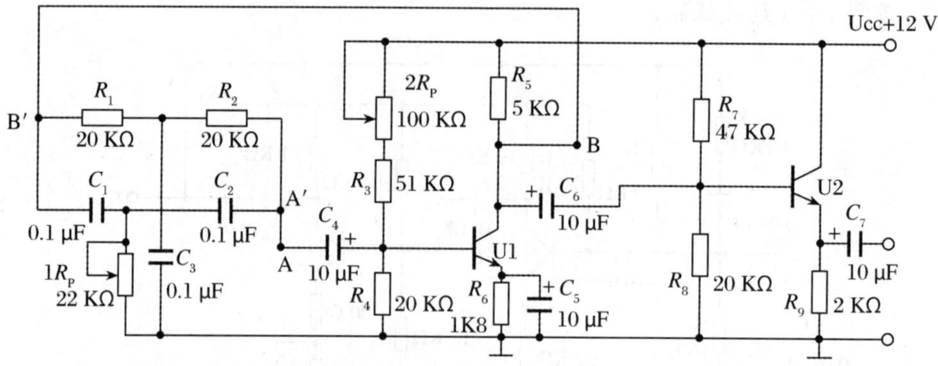

图 1-6-5　RC 正弦波振荡器电路

(三)RC 移相式振荡器的组装与调试(选作)

1. 组装线路如图 1-6-6 所示。

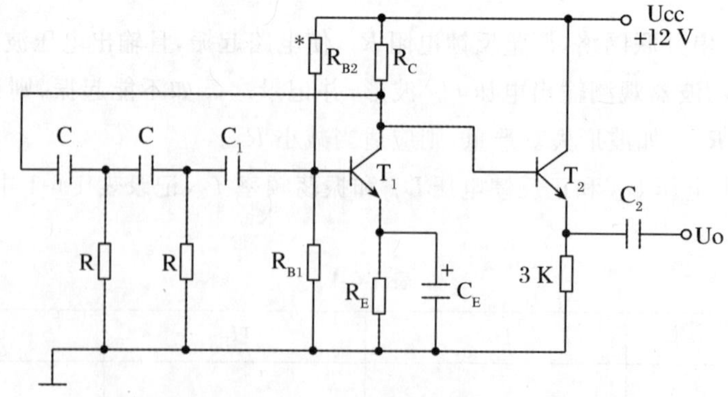

图 1-6-6　RC 移相式振荡器

2. 断开 RC 移相电路，调整放大器的静态工作点，测量放大器电压放大倍数。

3. 接通 RC 移相电路，调节 R_{B2} 使电路起振，并使输出波形幅度最大，用示波器观测输出电压 U_O 波形，同时用频率计和示波器测量振荡频率，并与理论值比较。（参数自选）

六、实验报告

1. 整理实验测量数据和波形。
2. 说明 R_E 在电路中起的作用。
3. 分析放大器后面要带射极跟随器的作用。

七、注意事项

1. 认真检查接线无误时，才可接通电源，进行测试。
2. 实验过程中，如发现有异常气味或其他危险现象时，应先立即切断电源，保持现场，然后报告指导教师，分析、排除故障后方可继续进行实验。

实验七 有源滤波器

一、实验目的

1. 熟悉用运放、电阻和电容组成有源低通滤波、高通滤波和带通、带阻滤波器。
2. 掌握测量有源滤波器的幅频特性的方法。
3. 学会绘制对数频率特性曲线。

二、实验原理

滤波电路是一种能使有用频率信号通过而同时抑制无用频率信号的电子装置。由集成运算放大器和 RC 网络组成的滤波器称为 RC 有源滤波器，它具有体积小，效率高，频率特性好等优点，广泛用在信息处理、数据传输、抑制干扰等方面。

根据对频率范围的选择不同，滤波器可分为低通滤波器(LPF)、高通滤波器(HPF)、带通滤波器(BPF)与带阻滤波器(BEF)等四种，它们的幅频特性如图 1-7-1 所示。具有理想幅频特性的滤波器是很难实现的，实际的幅频特性只能去逼近理想的情况。

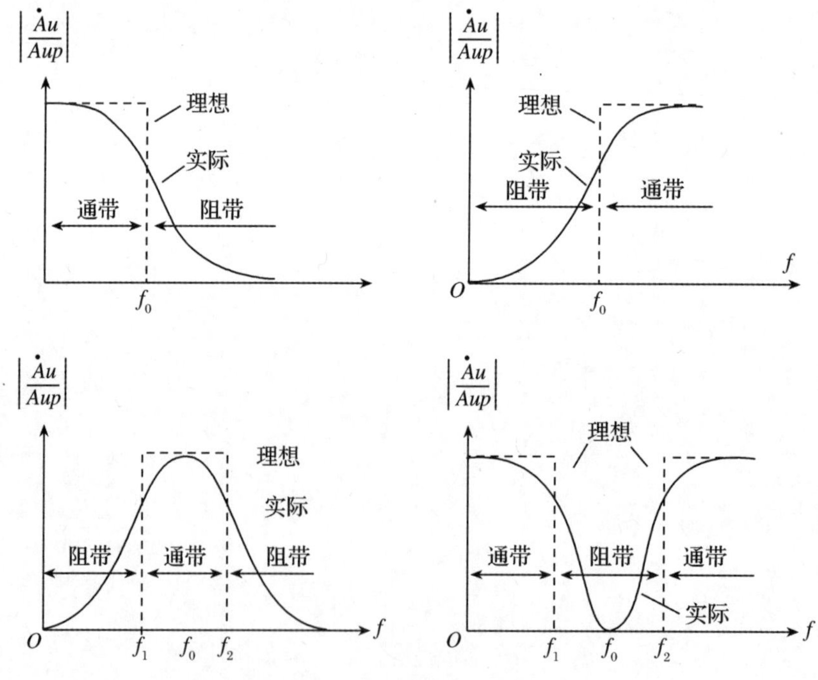

图 1-7-1 四种滤波器的幅频特性

若按滤波器的传递函数 $A_v(j\omega)=\dfrac{U_O(j\omega)}{U_i(j\omega)}$ 的分母阶数来分类，可分为低阶（一阶、二阶）和高阶（三阶及以上）两种。滤波器的阶数越高，幅频特性衰减的速率越快，滤波效果就越好。但 RC 网络的节数越多，元件参数计算越繁琐，电路调试越困难。任何高阶滤波器均可以用较低的二阶 RC 有滤波器级联实现。

1. 低通滤波器(LPF)

低通滤波器是指能通过低频信号，衰减或抑制高频信号的滤波电路。一级 RC 网络和集成运算放大器，可以组成一阶 RC 有源低通滤波器，如图 1-7-2 所示。其中 R_f 选用 50 kΩ 电位器，设定值为 10 kΩ，R_1 为 10 kΩ，R 为 47 kΩ，C 为 0.01 μF。

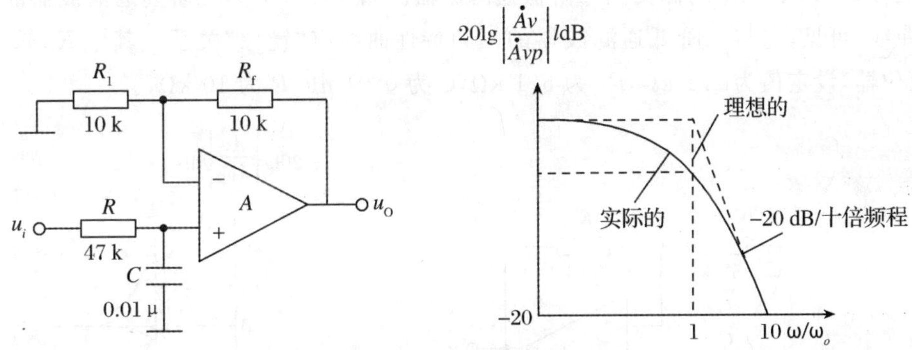

图 1-7-2　一阶有源低通滤波器

二阶有源低通滤波器是由两级 RC 滤波环节与同相比例运算电路组成，其中第一级电容 C 接至输出端，引入适量的正反馈，以改善幅频特性，如图 1-7-3 所示。其中 R_f 选用 50 kΩ 电位器，设定值为 10 kΩ，R_1 为 10 kΩ，R 为 47 kΩ，C 为 0.01 μF。

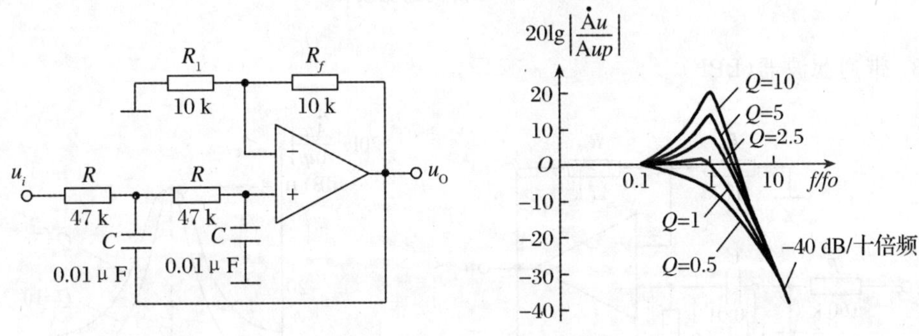

图 1-7-3　二阶低通滤波器

电路性能参数：二阶低通滤波器的通带增益 $A_{uP}=1+\dfrac{R_f}{R_1}$。

截止频率 $f_0=\frac{1}{2\pi RC}$，它是二阶低通滤波器通带与阻带的界限频率。

品质因数 $Q=\frac{1}{3-A_{uP}}$，它的大小影响低通滤波器在截止频率处幅频特性的形状。

若电路设计得使 $Q=0.707$，即 $A_{w}=3-\sqrt{2}$，那么该滤波电路的幅频特性在通带内有最大平坦度，称为巴特沃兹(Butterworth)滤波器。

2. 高通滤波器(HPF)

与低通滤波器相反，高通滤波器用来通过高频信号，衰减或抑制低频信号。只要将低通滤波电路中的电阻和电容互换，即可得到二阶有源高通滤波器，如图 1-7-4 所示。电路性能参数 A_{uP}、f_0、Q 的涵义同二阶低通滤波器。图 1-7-4(b)为二阶高通滤波器的幅频特性曲线，可见，它与二阶低通滤波器的幅频特性曲线有"镜像"关系。其中 R_f 选用 10 kΩ 电位器，设定值为 5.1 kΩ，R_1 为 5.1 kΩ，C 为 0.01 μF，R 为 10 kΩ，。

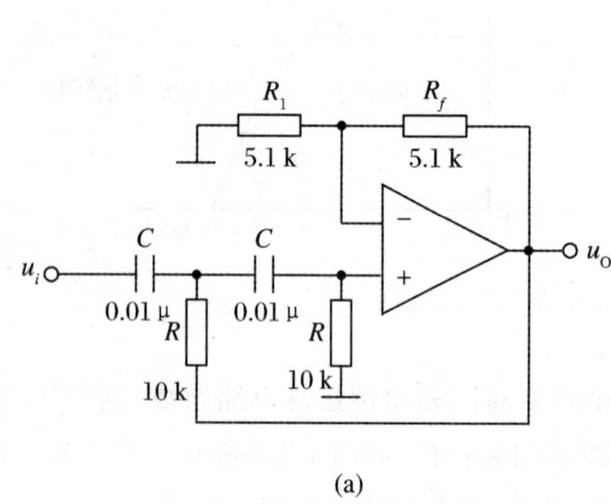

(a)

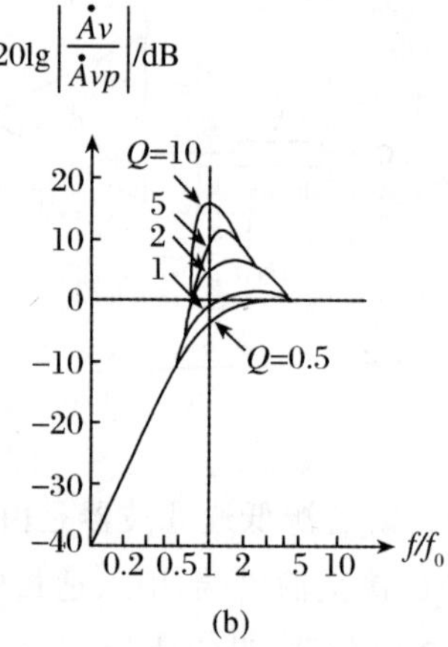

(b)

图 1-7-4 二阶高通滤波器

3. 带通滤波器(BPF)

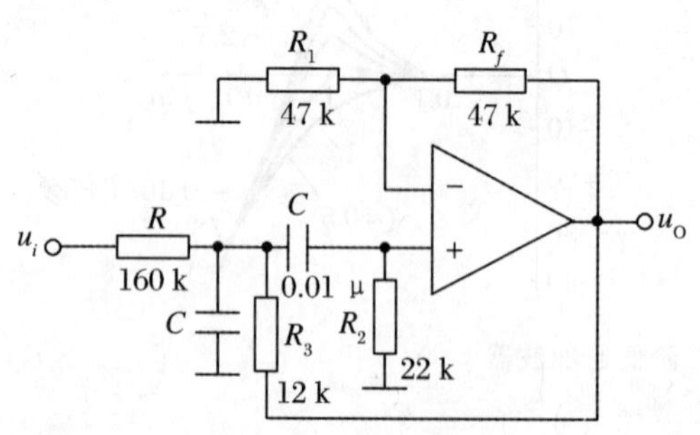

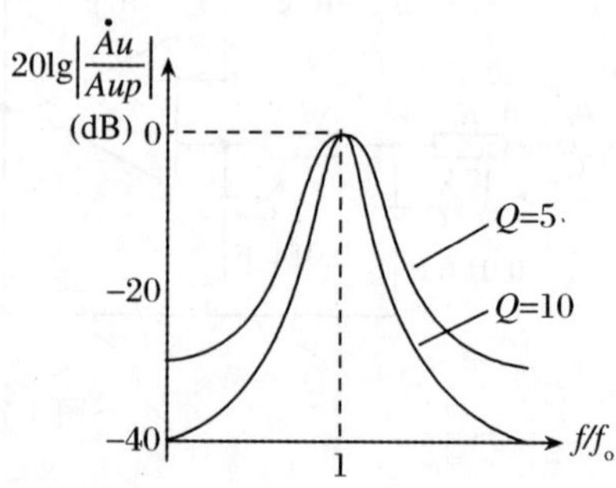

图 1-7-5 二阶带通滤波器

带通滤波器的作用是只允许在某一个通频带范围内的信号通过，而比通频带下限频率低和比上限频率高的信号均加以衰减或抑制。将低通与高通滤波电路相串联，当低通滤波器的截止角频率大于高通滤波器的截止角频率时，就可以构成带通滤波器，如图 1-7-5(a)所示。其中 R_f 选用 50 kΩ 电位器，设定值为 47 kΩ，R_1 为 47 kΩ，R_2 为 22 kΩ，R_3 为 12 kΩ，R_4 为 160 kΩ，C 为 0.01 μF。

电路性能参数：

令 $A_{uf}=1+\dfrac{R_f}{R_1}$，则

通带增益　$A_{up}=\dfrac{A_{uf}}{3-A_{uf}}$

中心频率　$f_0=\dfrac{1}{2\pi RC}$

通带宽度　$B=\dfrac{3-A_{uf}}{2\pi RC}$

选择性　$Q=\dfrac{f_0}{B}$

此电路的优点是改变 R_f 和 R_1 的比例就可改变频宽而不影响中心频率。

4. 带阻滤波器(BEF)

带阻滤波器的作用是在规定的频带内，信号不能通过(或受到很大衰减或抑制)，而在其余频率范围，信号则能顺利通过。在双 T 网络后加一级同相比例运算电路就构成了基本的二阶有源带阻滤波器，其基本电路与频率特性如图 1-7-6 所示。其中 R_f 选用 200 kΩ 电位器，设定值为 160 kΩ，R_1 为 200 kΩ，C 为 68 μF，R 为 47 kΩ。

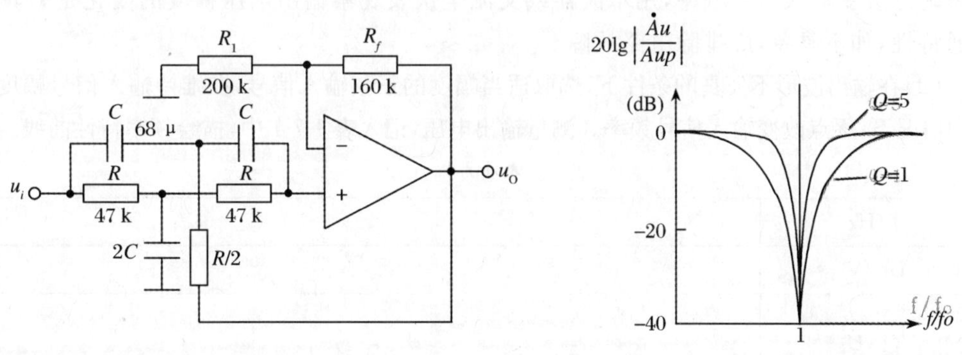

图 1-7-6　二阶带阻滤波器

电路性能参数：

通带增益　$A_{up}=1+\dfrac{R_f}{R_1}$

中心频率　$f_0=\frac{1}{2\pi RC}$

带阻宽度　$B=2(2-Aup)f_0$

选择性　$Q=\frac{1}{2(2-A_{up})}$

三、实验器材

1. 直流稳压电源；2. 函数信号发生器；3. 示波器；4. 数字万用表；5. 数字毫伏表；6. 实验电路板和连接导线；7. 计算机及其仿真软件；8. 集成运算放大器 LM741；9. 电阻器、电容器若干。

四、预习要求

1. 复习教材有关滤波器内容。
2. 分析图 1-7-3，1-7-4，1-7-5，1-7-6 所示电路，写出它们的增益特性表达式。
3. 计算图 1-7-3，1-7-4 的截止频率，图 1-7-5，1-7-6 的中心频率。
4. 画出上述四种电路的幅频特性曲线。

五、实验内容

1. 二阶低通滤波器

实验电路如图 1-7-3，接通±12 V 电源。

(1)粗测：U_i 接函数信号发生器，令其输出为 $U_i=1$ V 的正弦波信号，在滤波器截止频率附近改变输入信号频率，用示波器或交流毫伏表观察输出电压幅度的变化是否具备低通特性，如不具备，应排除电路故障。

(2)在输出波形不失真的条件下，选取适当幅度的正弦输入信号，在维持输入信号幅度不变的情况下，逐点改变输入信号频率。测量输出电压，记入表 1-7-1 中，描绘频率特性曲线。

表 1-7-1

f/Hz	
U_O/V	
$A_v=\frac{U_O}{U_i}$	
$20\lg\left\|\frac{A_v}{A_w}\right\|$/dB	

画出滤波器幅频特性曲线，横坐标 f 以对数刻度，纵坐标$\frac{20\lg A_v}{A_w}$以分贝刻度，由幅频特性曲线决定−3 dB 频率，即上限频率 f_H。

2. 二阶高通滤波器

实验电路如图 1-7-4,接通±12 V 电源。

(1)粗测:输入 $U_i=1$ V 正弦波信号,在滤波器截止频率附近改变输入信号频率,观察电路是否具备高通特性。

(2)测绘高通滤波器的幅频特性曲线,记入表 1-7-2。

表 1-7-2

f/Hz	
U_O/V	
$A_v=\dfrac{U_O}{U_i}$	
$20\lg\left\|\dfrac{A_v}{A_{v0}}\right\|$/dB	

3. 带通滤波器

实验电路如图 1-7-4(a),接通±12 V 电源。输入 $U_i=1$ V 正弦波信号,测量其频率特性。记入表 1-7-3。

(1)实测电路的中心频率 f_0。

(2)以实测中心频率为中心,测绘电路的幅频特性。

表 1-7-3

f/Hz	
U_O/V	

4. 带阻滤波器

实验电路如图 1-7-6 所示。

(1)实测电路的中心频率 f_0。

(2)测绘电路的幅频特性,记入表 1-7-4。

表 1-7-4

f/Hz	
U_0/V	

六、实验报告

1. 整理实验数据,画出各电路实测的幅频特性。
2. 根据实验曲线,计算截止频率、中心频率、带宽及品质因数。
3. 总结有源滤波电路的特性。

实验八 电压比较器、方波和三角波发生器

一、实验目的

1. 掌握常见类型电压比较器的构成及特性。
2. 学习电压比较器电压传输特性的测试方法。
3. 学习如何设计、调试比较器和方波-三角波发生器电路。

二、实验原理

电压比较器是对输入信号进行鉴幅和比较的电路，就是将一个模拟电压信号与一个参考电压信号相比较，当两者相等时，输出电压状态将发生突然跳变。常见的比较器类型有：过零电压比较器、滞回电压比较器、窗口电压比较器等。

1. 过零电压比较器

过零比较器，顾名思义其阈值电压 $u_r = oV$，即当输入电压 $u_i < oV$ 时，$u_0 = U_{OH}$；当 $ui > oV$ 时，$U_0 = V_{oL}$；实验电路和所对应的电压传输特性如图 1-8-1 所示。

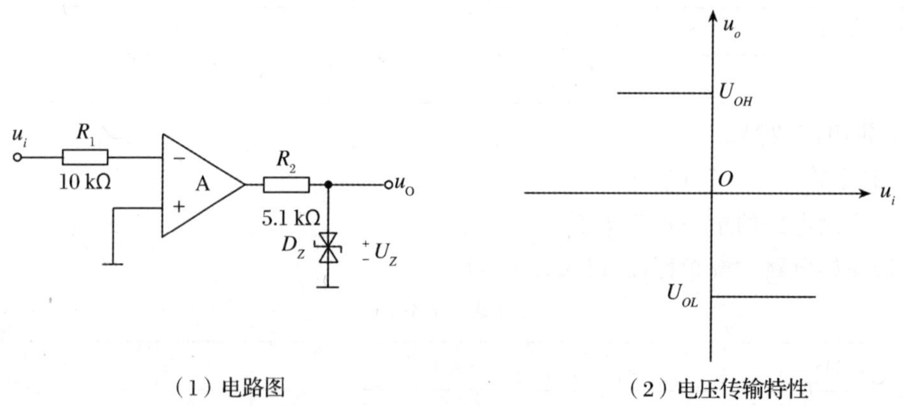

（1）电路图　　（2）电压传输特性

图 1-8-1　过零比较器电路及电压传输特性

2. 反相滞回比较器

滞回比较器有两个阈值电压，当输入电压的取值在阈值电压附近时，输出电压状态仍具有保持原状态的“惯性”。根据输入信号接入端的不同，可分为反相滞回比较器和同相滞回比较器两种。反相滞回比较器实验电路如图 1-8-2 所示。

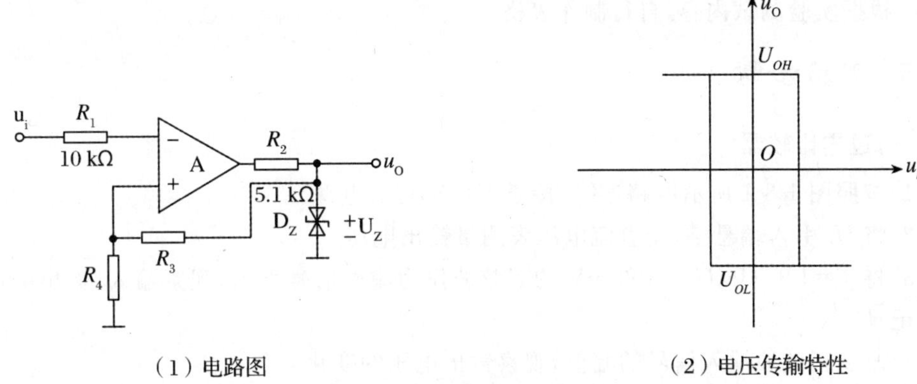

（1）电路图　　（2）电压传输特性

图 1-8-2　反相滞回比较器及电压传输特性

（三）窗口比较器

窗口比较器阈值电压有两个，当输入电压值在两阈值电压之间时，输出电压所对应的状态将不同于输入电压值高于或低于两阈值电压时所对应状态。实验电路如图 1-8-3 所示。

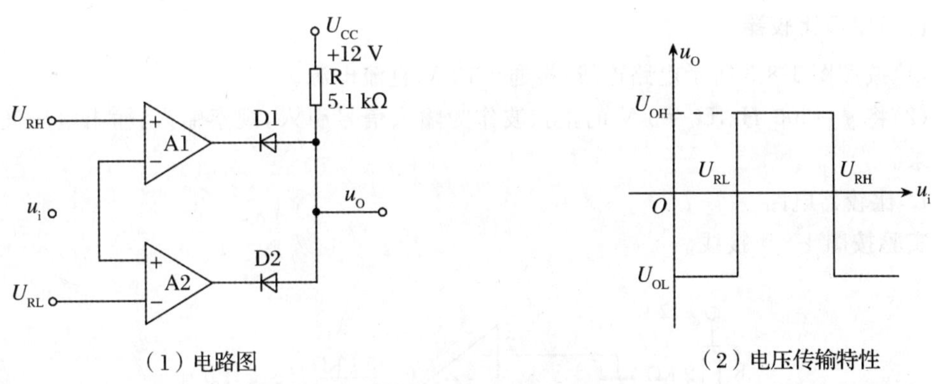

（1）电路图　　（2）电压传输特性

图 1-8-3　窗口比较器及电压传输特性

三、实验器材

1. 直流稳压电源；2. 函数信号发生器；3. 示波器；4. 数字万用表；5. 数字毫伏表；6. 实验电路板和连接导线；7.. 计算机及其仿真软件；8. 频率计；9. 集成运放 741×2；二极管及电阻若干。

四、预习要求

1. 复习常见类型电压比较器的构成及特性。
2. 分析本次实验选用电路的类型及特性。

3. 根据实验测试内容，自行制作表格。

五、实验步骤

(一)过零比较器

(1)按照图 1-8-1 所示电路连线，接通±12V 直流电源。

(2)将 U_i 引入端悬空，用直流电压表测量输出电压。

(3)将 $f=100$ Hz，$U_i=100$ mV 的正弦波作为输入信号引入，观察输入、输出电压波形，并记录。

(4)改变正弦波输入信号的幅值，观察输出电压的变化。

(二)滞回比较器

(1)按照图 1-8-2 所示电路连线，接通±12 V 直流电源。

(2)令信号输入端接"－5～＋5 V 可调直流信号源"，测出输出电压由高电平跳变为低电平时输入电压对应取值，以及输出电压由低电平跳变为高电平时输入电压对应取值。

(3)将 $f=100$ Hz，$U_i=2$ V 的正弦波作为输入信号引入，观察输入、输出电压波形，并记录。

(三)窗口比较器

(1)按照图 1-8-3 所示电路连线，接通±12 V 直流电源。

(2)将 $f=500$ Hz，$U_i=5$ V 的正弦波作为输入信号引入，观察输入、输出电压波形，并记录。

1. 比较器电路

实验按图 1-8-4 接线。

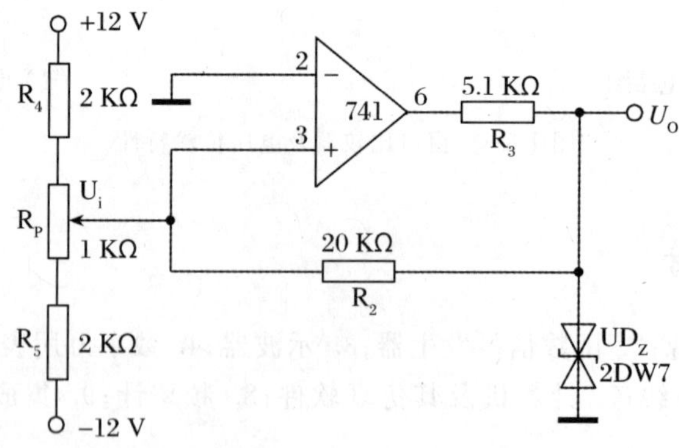

图 1-8-4 比较器电路图

转折电压测试：

接通电源后，若比较器输出电压 U_O 为负值，调节 U_P 使 U_O 由负变正(正突变点)，测

出 U_i 和 U_O 的值；若比较器输出电压 U_O 为正值，将电位器向相反方向旋转，直至 U_O 由正变负(负突变点)。测出 U_i、U_O 值，填入表 1-8-1 中。

表 1-8-1

电压	U_i 最小值	U_O 负突变点	U_O 正突变点	U_i 最大值
U_0(V)				
U_i(V)				

2. 方波、三角波发生器

(1)实验按图 1-8-5 所示电路及参数接成方波、三角波发生器。

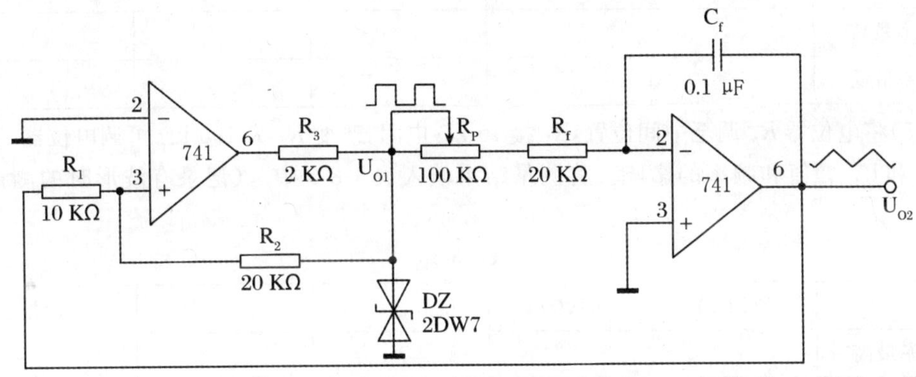

图 1-8-5　方波、三角波发生器电路图

(2)将电位器 R_p 调至中心位置，用双踪示波器观察并描绘方波 U_{O1} 及三角波 U_{O2} 于表 1-8-2 中，并测量 R_p 及频率值。

表 1-8-2

波　形
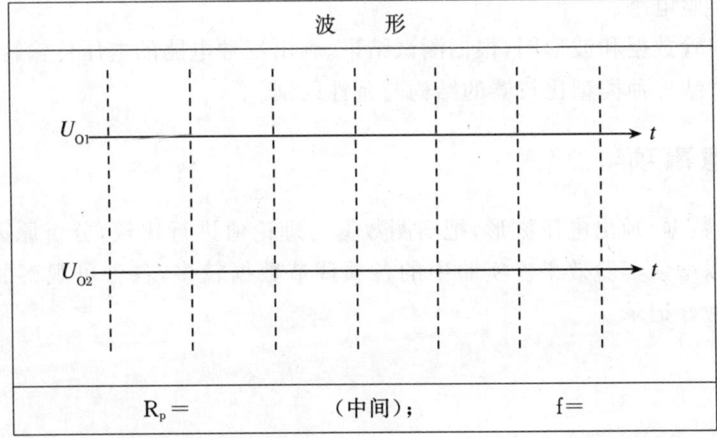
R_p =　　　　(中间)；　　　　f=

(3)改变 R_p 的位置，观察对 U_{O1} 和 U_{O2} 幅值和频率的影响，将测量结果填入表 1-8-3 中。

表 1-8-3

	F(kHz)	Rp(Ω)	U_{O1P-P}(V)	U_{O2P-P}(V)	备注
频率最高					
频率最低					

(4)将电位器 R_p 调至中间位置,改变 R_1 为 10 kΩ 可调电位器,观察对 U_{O1} 和 U_{O2} 幅值和频率的影响。将测量结果填入表 1-8-4 中。

表 1-8-4

	F(kHz)	R_1(Ω)	U_{O1P-P}(V)	U_{O2P-P}(V)	备注
频率最高					
频率最低					

(5)将电位器 R_p 调至中间位置,R_1 接 10 kΩ 电阻,改变 R_2 为 100 kΩ 可调电位器,观察对 U_{O1} 和 U_{O2} 幅值和频率的影响。将测量结果填入表 1-8-5 中。(记录有波形时的测试参数)

表 1-8-5

	F(kHz)	R_2(Ω)	U_{O1P-P}(V)	U_{O2P-P}(V)	备注
频率最高					
频率最低					

六、实验报告

1. 画出实验电路。
2. 整理实验数据和波形图,根据测试结果,画出三种电路的电压传输特性图。
3. 分析总结三种类型比较器的结构与特性区别。

七、注意事项

整理实验数据,画出电压波形,把实测数据与理论值进行比较,分析原因。实验之前先进行仿真,以增强实验效果。实验中的各项调节数据较多,各种可观察的图形的差异明显,要随时做好记录。

实验九　集成功率放大器

一、实验目的

1. 熟悉集成功率放大器的特点。
2. 掌握集成功率放大器的主要性能指标及测量方法。

二、实验原理

功率放大器的作用是给音响放大器的负载提供一定的输出功率。当负载一定时，希望输出的功率尽可能大，输出信号非线性失真尽可能小，效率尽可能高。功放的常见电路形成有 OTL(Output Transformerless)电路和 OCL(Output Capacitorless)电路。有用集成运算放大器和晶体管组成的功放，也有专用的集成电路功率放大器。集成功率放大器由集成功放块和一些外部阻容元件构成。它具有线路简单，性能优越，工作可靠，调试方便等优点，已经成为音频领域中应用十分广泛的功率放大器。电路中最主要的组件为集成功放块，它的内部电路与一般分立元件功率放大器不同，通常包括前置级、推动级和功率级等几部分，有些还具有一些特殊的功能，如消除噪声、短路保护等的电路。其电压增益较高(不加负反馈时，电压增益达 70～80 dB，加典型负反馈时电压增益在 40 dB 以上)。

(一)LM386 集成功率放大器及其应用

1. LM386 是一种低电压通用型低频集成功放。该电路功耗低、允许的电源电压范围宽、通频带宽、外接元件少，广泛用于收录音机、对讲机、电视伴音等系统中。集成功率放大器 LM386 中 $T_1 \sim T_6$ 管为输入级，其中 T_1、T_3 和 T_2、T_4，管接成共集—共组合差分放大电路。T_5、T_6 为镜像电流源，作为有源负载，R_2、R_3 为发射极反馈电阻，差放中 T_3 管的静态电流 $I_{LEQ3}(\approx I_{EQ3})$由 V_{CC}通过 R_1 设定，T_4 管的静态电流 $I_{CQ4}(\approx I_{EQ4})$由输出静态电位 U_{OQ}通过反馈电阻 R_6 设定，设定管导通电压相等，且忽略 R_4、R_5 上的压降($U_{BQ1}=U_{BQ2}=0$)

则：$I_{CQ3}=\dfrac{U_{CC}-U_{EB(OW)3}-U_{EB(OW)1}}{R_1}\approx\dfrac{U_{CC}+2U_{RE(OW)}}{R_1}$

$I_{CQ4}=\dfrac{U_{CQ}-U_{EB(OW)4}-U_{EB(OW)2}}{R_6}\approx\dfrac{U_{CQ}+2U_{BE(OW)}}{R_6}$

静态时差放两侧电流相等($I_{CQ3}=I_{CQ4}$)且已知 $R_1=30\ k=2R_6=2\times15=30\ \mathrm{k\Omega}$

求得：$U_{OQ}=U_{CC}/2-U_{BE(OW)}=U_{CC}/2$

由于 R_6 的负反馈作用 U_{OQ} 始终维持在 $U_{CC}/2$ 附近。

当各管工作在放大区时，T_3（或 T_4）管发射极最低瞬时电位 $U_{E3}=U_{EC3}+U_{BE5}=U_{EC(sat)}+U_{EC(OW)}=0.3+0.7=1$ V，相应的，T_1（或 T_2）管发射极最低瞬时电位 $U_{E1}=U_{E3}-U_{EB5}=1-0.7=0.3$ V 因而 T_1（或 T_2）管基极允许最低瞬时电位可达到 -0.4 V（$U_{B1}=U_{E1}-U_{EB1}=0.3-0.7=-0.4$ V），可见，幅度小于 0.4 V 的交流信号电压加到任一输入端，都可保证各管工作在放大区。同时 R_4、R_5 已为 T_1、T_2 管基极提供了直流通路，因此，可允许输入信号通过隔直电容加到任一输入端。

中间级由 T_{10} 和 I_0 组成有源负载共发放大器的激励级对电压进行放大，由 $T_7\sim T_9$ 管接成互补推挽电路的功率输出级 D_1D_2 为二极管的偏置电路。

在整个放大器中，R_6 不仅是直流负反馈电阻，也是交流负反馈电阻，当 1、8 脚之间加上电容 C_2 时，输出交流信号通过 R_6 通过 R_2、R_3 之间产生反馈信号电压，电压反馈系数：

$$K_{fv}=\frac{R_2}{R_2+R_6}=\frac{150}{150+1500}=\frac{1}{100}$$

在深度负反馈条件下，放大器的电压增益 $A_{vf}=\frac{1}{K_{fv}}100$ 倍，负反馈不仅稳定了电压增益，还有效地减小了非线性失真。LM386 内部电路如图 1-9-1 所示。

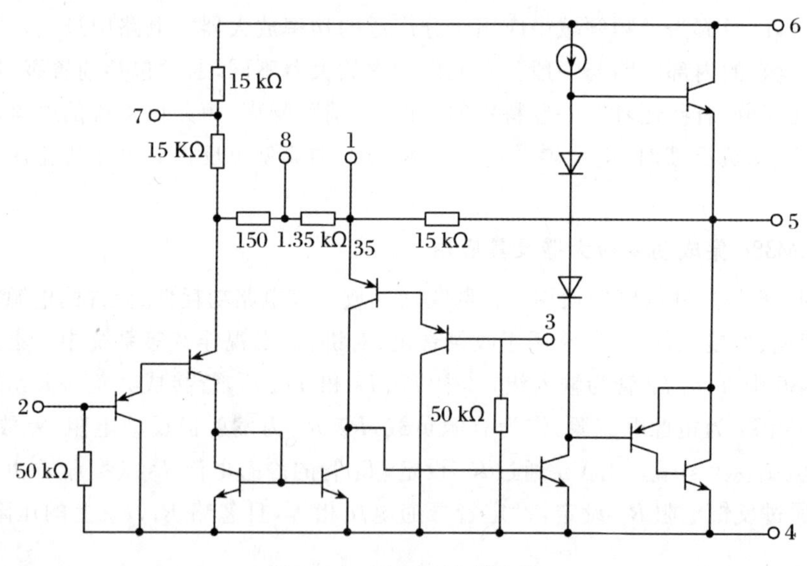

图 1-9-1 LM386 内部电路

2. LM386 的管脚排列

LM386 为双列直插塑料封装，管脚功能为：2、3 脚分别为反相、同相输入端；5 脚为输出端；6 脚为正电源端；4 脚接地；7 脚为旁路端，可外接旁路电容用以抑制纹波；1、8 脚为电压增益设定端。如图 1-9-2 所示。

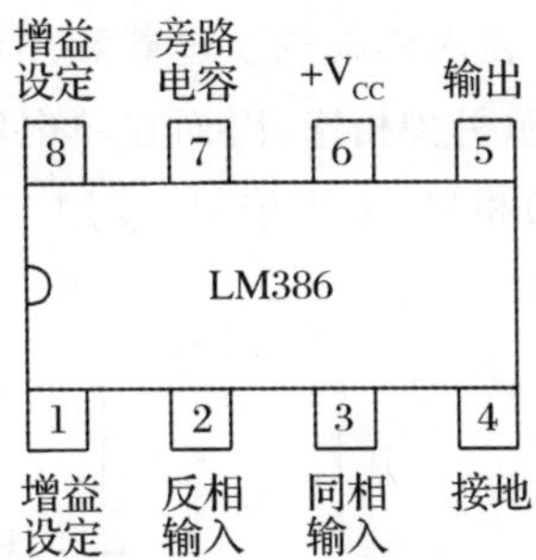

图 1-9-2　LM386 管脚排列图

当 1、8 脚开路时，负反馈最深，电压放大倍数最小，设定为 Avf=20。当 1、8 脚间接入 10 μF 电容时，内部 1.35 kΩ 电阻被旁路，负反馈最弱，电压放大倍数最大，Avf=200 (46 dB)。当 1、8 脚间接入电阻 R_1 和 10 μF 电容串接支路时，调整 R_1 可使电压放大倍数 Avf 在 20～200 间连续可调，且 R_1 越大，放大倍数越小。当 R_2=1.24 kΩ 时，Avf=50。LM386 的典型应用如图 1-9-3 所示。

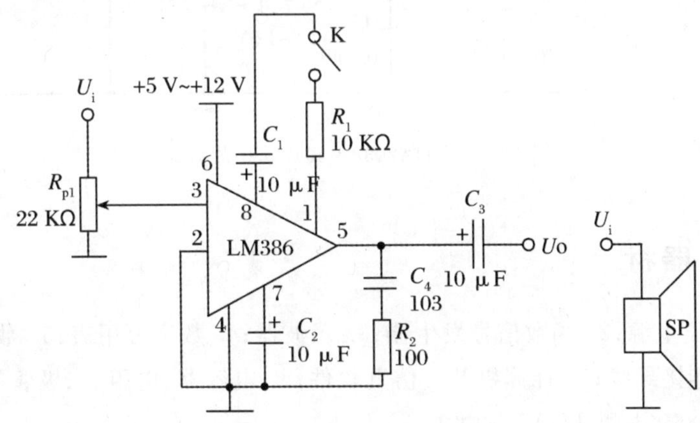

图 1-9-3　LM386 的典型应用图

本电路中，5 脚输出接 R_2、C_4 构成串联补偿网络与呈感性的负载(扬声器)相并，最终使负载等效近似呈纯电阻性，以防止高频自激和过压现象。7 脚外接旁路去耦电容，用以提高纹波抑制能力，消除低频自激。LM386-1 和 LM386-3 的电源电压为 4～12 V，LM386-4 的电源电压为 5～18 V。因此，对于同一负载，当电源电压不同时，最大输出功率的数值也不同。可查阅电源的静态电流和负载电流最大值(通过最大输出功率和负载可求出)，求出电源的功耗，从而得到转换效率。此外，还可以利用 LM386 组成方波发生器。

(二)TDA2030 集成功率放大器及其应用

1. TDA2030A 是使用较为广泛的一种集成功率放大器，与其他功放相比，它的引脚

和外部元件都较少，性能稳定，并在内部集成了过载和热切断保护电路，能适应长时间连续工作，由于其金属外壳与负电源引脚相连，因而在单电源使用时，金属外壳可直接固定在散热片上并与地线（金属外壳）相接，无需绝缘，使用方便。TDA2030A 集成功率放大器如图 1-9-4 所示。

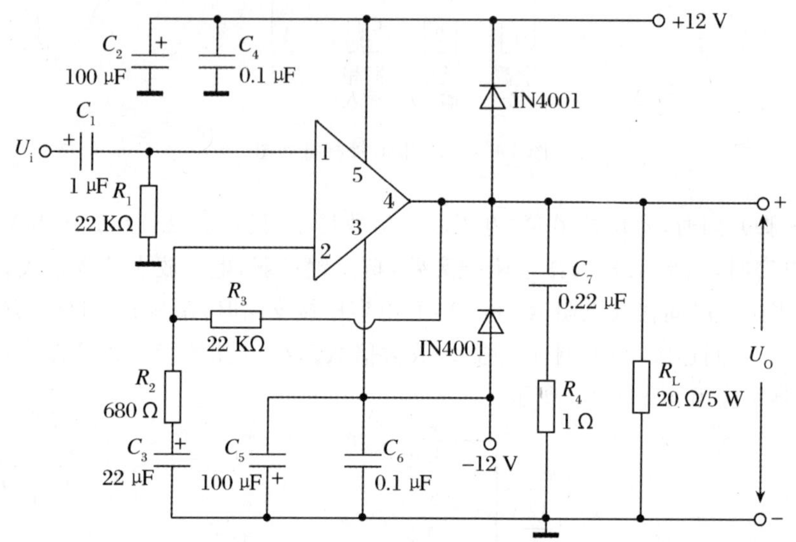

图 1-9-4 TDA2030A 集成功率放大器

三、实验器材

1. 直流稳压电源；2. 函数信号发生器；3. 示波器；4. 数字万用表；5. 数字毫伏表；6. 实验电路板和连接导线；7. 计算机及其仿真软件；8. 电容器、电阻、二极管等若干，喇叭，耳机插头，LM386×1 和 TDA2030×1。

四、预习要求

1. 复习集成功率放大器 LM386 和 TDA2030，对照分析电路工作原理。

2. 熟悉并掌握由 LM386 或 TDA2030 构成的功放电路，并分析其外部元件的功能。估算该电路的 Pcm、Pv 值。

3. 阅读实验内容，准备记录表格。

五、实验内容

(一)LM386 集成功率放大器

1. 按图 1-9-3 连接电路,不加信号时测静态工作电流。

2. 从信号发生器输入 $f=1$ kHz,具有一定幅度的正弦信号。用示波器观察输出信号,通过调节正弦波幅度或调节电位器 R_{p1},使得示波器上出现最大不失真正弦波电压。记录此时的输入电压、输出电压幅值,并记录波形。

3. 用毫伏表测量 $U_O$max,再将万用表拨到电流挡,串入直流电源主回路,测出直流电源提供的直流电流 Ico,将数据及计算结果填入下表 1-9-1 中。

表 1-9-1

$U_O$max(V)	Pomax(W)	Ec(V)	Ico(mA)	Pdc(W)	η

4. 测试外围元件的功能

从收音机的耳机插孔处取出广播信号作为功放电路的输入信号,若电路正常,则扬声器应发出清楚的声音。调节电位器 R_{p1},根据声音的变化,总结 R_{p1} 的作用。将其他元件作参数变换,把声音发生的变化填入表 1-9-2 中,并说明元件的作用。

表 1-9-2

测试元件及参数	变换情况	声音的变化	该元件的作用
C_1(470 μF)	10 μF		
C_1(470 μF)	短路		
C_2(10 μF)	断开		
LM386	在 1 脚和 8 脚之间接 10μF 电容器		

将 $C_1=470$ μF 换为 10 μF,声音会发生变化;将 C_1 短路,用万用表测量电源供电电流 Ico,与前面测出的 Ico 作比较,并总结 C_1 的作用;C_1 仍为 470 μF,断开 C_2,根据声音发生的变化,总结 C_2 的作用;在 1 脚和 8 脚之间接一个 10 μF 的电容,声音会发生变化,总结该电容的作用。

(二)TDA2030 集成功率放大器

1. 不加信号时($U_i=0$),用数字万用表测电路静态总电流 I_{+12}、I_{-12} 及 TDA2030 芯片各脚的电位。填入表 1-9-3 中。

表 1-9-3

I_{+12}(mA)	I_{-12}(mA)	U_1(V)	U_2(V)	U_3(V)	U_4(V)	U_5(V)

2. 动态测量

最大输出功率：输入端接 1 kHz,$U_i \leqslant 10$ mV(用交流毫伏表测量)的正弦信号，用示波器观察输出电压波形，逐渐加大输入信号幅度，使输出电压信号为最大不失真输出。用交流毫伏表测量此时的输出电压 Uom，则 Pcm=U^2om/R_L。将结果记入表 1-9-4。

表 1-9-4

Ui(mV)	V_{om}(mV)	P_{cm}(mW)

输入灵敏度：根据输入灵敏度的定义，只要测出输出功率 $P_O=P_{cm}$ 时的输入电压值 U_i 即可。

3. 噪声电压的测试：测量时将输入端短路($U_i=0$)，用示波器观察噪声波形，并用交流毫伏表测量输出电压，该电压即为噪声电压 U_N。将测量结果记入表 1-9-5。

表 1-9-5

噪声电压 U_N(mv)	噪声波形

六、实验报告

1. 根据实验测量值、计算各种情况下及 P_{om}、P_V 及 η。
2. 画出电源电压与输出电压、输出功率的关系曲线。
3. 填写以上表格。

七、注意事项

1. 实验电路最好用分立元件在面包板上完成，电路的元件布局按照集成电路内部电路结构安排，器件之间的连接也尽量用器件管脚连接，尽量不要用实验箱上的元件和长连接线，否则很容易产生自激振荡。

2. 功率放大器输出电压、电流都较大，实验过程中要特别注意安全，绝不能出现短路现象，以防烧毁功放集成电路。

3. 输出功率较大时，功放集成电路会发烫。为了防止过热烧毁集成电路，尽可能加上散热器。

4. 如果电路产生了寄生振荡，要断开毫伏表与输出的连接。尽量接短线。特别是接电源的滤波电容，接线更要短。输出接喇叭时，应与 20 Ω/5 W 的电阻串联。在±12 V 电源之间加一个 0.1 μF 的电容。

实验十　集成稳压电源

一、实验目的

1. 熟悉整流、滤波、稳压电路的工作原理。
2. 了解集成稳压器 78XX 系列的性能和固定或可调、扩压或扩流的稳压输出。
3. 掌握直流稳压电源的主要技术指标及其测量方法。

二、实验原理

直流电压源是一种通用的电子设备，功能是将电网提供的 220 V，50 Hz 的交流电转换为符合电子设备要求的稳定直流电压。当电网电压在一定范围内波动，或负载变化以及环境温度变化时，也能使输出电压相对稳定。直流稳压电源一般由变压器、整流电路、滤波电路和稳压电路几部分组成。集成稳压器 78XX 系列产品是一种常用的具有固定正电压输出的三端稳压集成电路。集成稳压器 78XX 由调整管电路、比较放大电路、基准电路、电流源电路、启动电压电路、过热保护、过流保护和采样电阻等电路组成。原理框图如图 1-10-1 所示。其 78XX 中的 XX 表示输出直流电压的值，它有 5 V、6 V、9 V、12 V、15 V、18 V 和 24 V 几个档次，其 3 个管脚分别为输入端，公共端和输出端，其管脚分布如图 1-10-2。由于其有使用方便、性能稳定和价格低廉等优点而得到广泛应用。

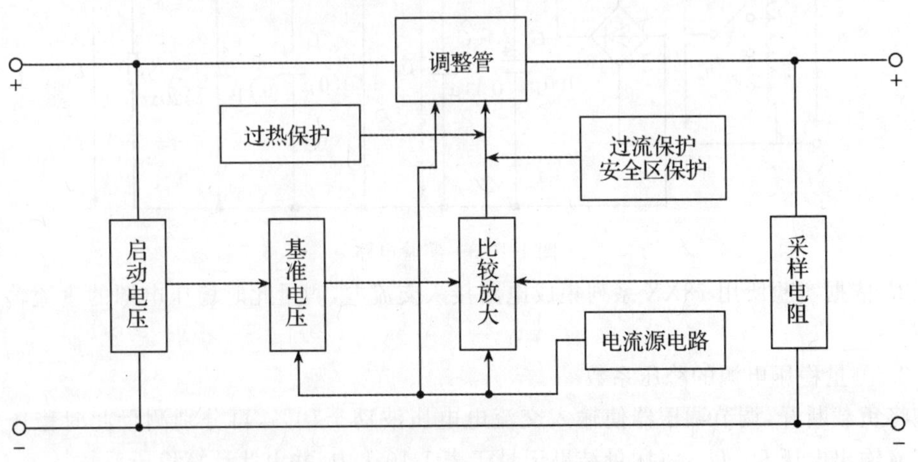

图 1-10-1　三端集成稳压电源原理框图

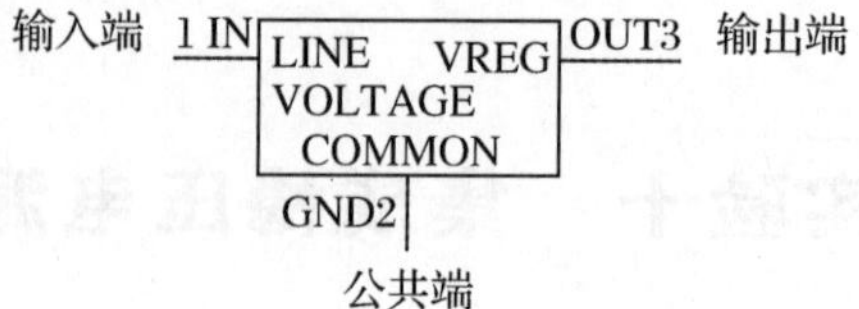

图 1-10-2 三端集成稳压电源示意图

三、实验器材

1. 直流稳压电源;2. 函数信号发生器;3. 示波器;4. 数字万用表;5. 数字毫伏表;6. 实验电路板和连接导线;7. 计算机及其仿真软件;8. 集成稳压器 78XX 系列。

四、预习要求

复习直流稳压电源的各个组成部分的作用及其工作原理,掌握稳压电源的主要技术指标以及测量方法。

五、实验内容

1. 按图 1-10-3 搭接实验电路。在搭接实验电路过程中注意 4 个整流二极管和发光二极管的极性不要接错,同时接入交流电压大小应与集成稳压器 78XX 相匹配。电路搭接完成后,应认真检查,确定无误后方可接通交流电。

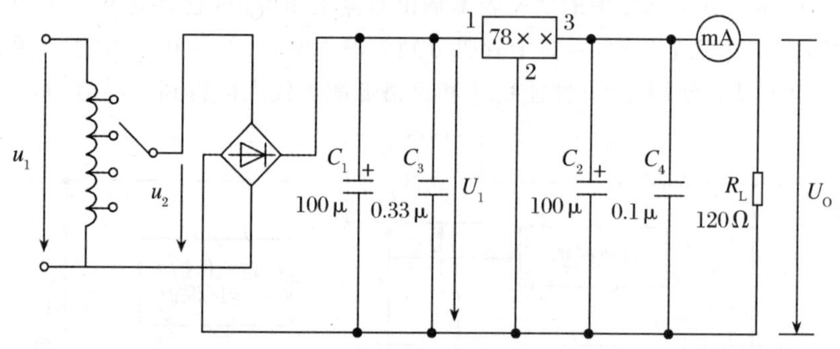

图 1-10-3 实验电路

2. 依据实验所用 78XX 系列集成电路接入交流电,测量此时稳压电源的直流输出电压 $U_0=$______。

3. 测量稳压电源的稳压系数

将负载断开,调节调压器使输入交流电电压波动±10%,再分别测量此时稳压电源的直流输出电压 U_1、U_0,将测量结果记录于表 1-10-1 中,并由此计算稳压系数。

4. 测量稳压电源的内阻 R_O(即输出电阻)

将负载断开,此时测量的输出电压 U_O 及输出电流 I_O;再接上负载,测量此时的 U_O 及 I_O,记录于表 1-10-2 中,并由此计算输出电阻。

表 1-10-1

U_i	$U_i - U_i \times 10\%$	$U_i + U_i \times 10\%$	$Sr = \frac{\Delta \dot{U}_O}{U_O} / \frac{\Delta U_i}{U_i}$
U_O			

表 1-10-2

$R_L = \infty$		
$R_L \neq \infty$		
$R_0 = \frac{\Delta U_O}{U_O}$		

5. 三端稳压器的扩展使用与分析

(1)外加功率管扩流

下图是是三端稳压器外加功率管扩流电路。R_1 是过流保护取样电阻，当输出电流增大超过一定值时，R_1 上压降增大，使 BG_1 的 Ube 的值减小，促使 BG_1 向截止方向转化。电路可输出 7 A 的电流，如图 1-10-4 所示。

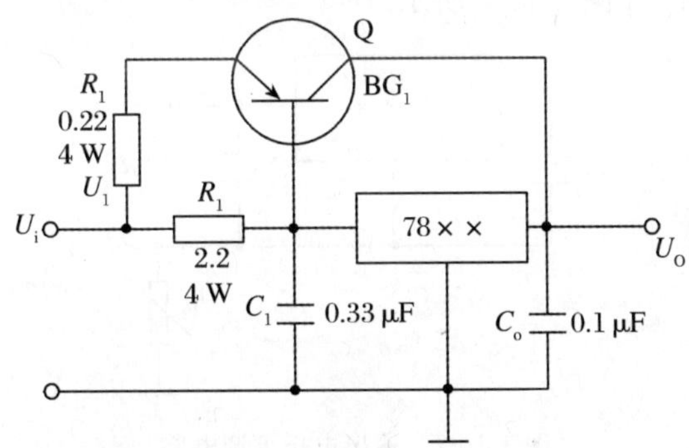

图 1-10-4　外加工率管扩流电路

(2)多块稳压器并联扩流

多块稳压器并联扩流电路，如图 1-10-5 所示。

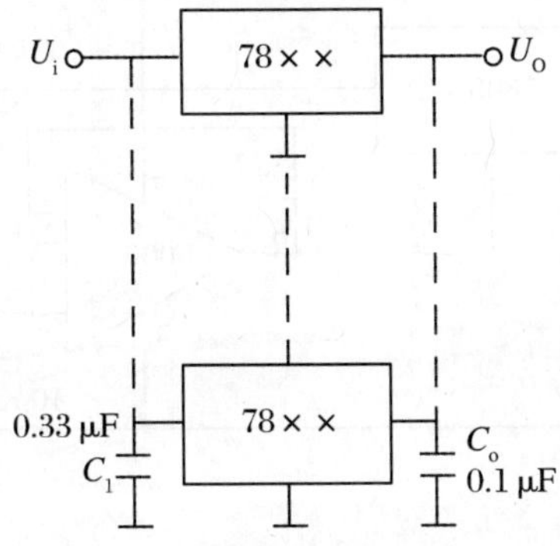

图 1-10-5　多块稳压器并联扩流电路

(3)固定抬高输出电压

如果需要输出高于现有稳压块的电压时,可使用一只稳压二极管 DW 将稳压块的公共端抬高到稳压管击穿电压 V_Z,此时,输出电压 U_O 等于稳压块输出电压与 V_Z 之和。固定抬高输出电压电路,如图 1-10-6 所示。

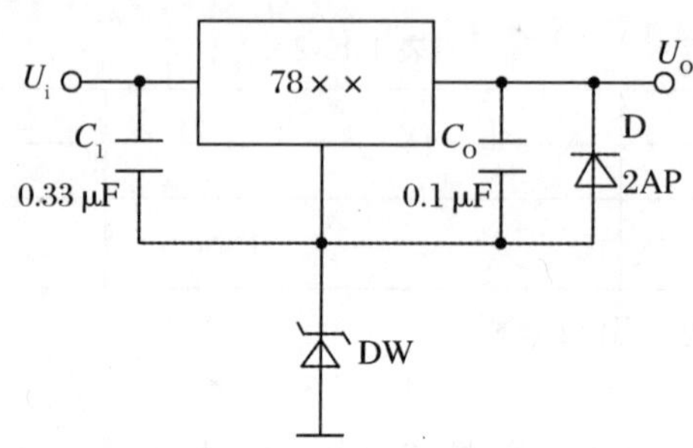

图 1-10-6 固定抬高输出电压电路

(4)输出电压可调电路

输出电压可调电路,如图 1-10-7 所示。

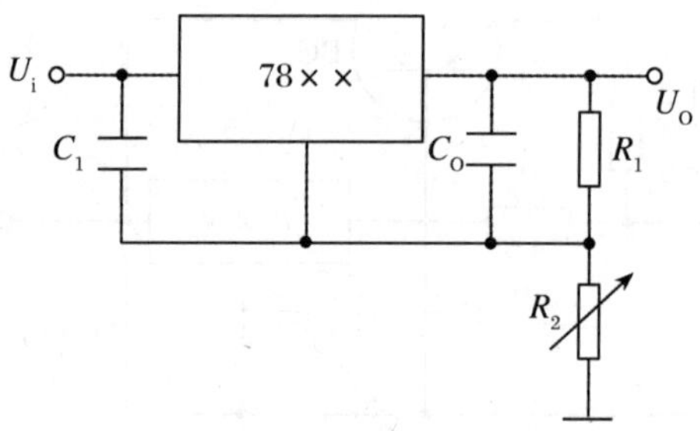

图 1-10-7 输出电压可调电路

(5)电压极性变换电路

电压极性变换电路,如图 1-10-8 所示。

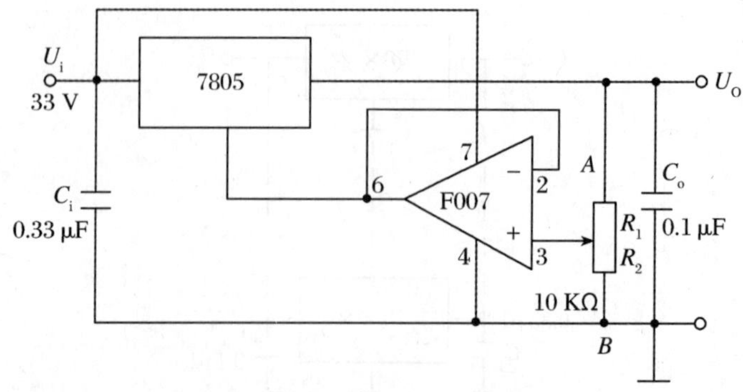

图 1-10-8 电压极性变换电路

六、实验报告

1. 分析整理实验数据，计算稳压系数及输出电阻。
2. 完成仿真实验和电子实验报告。

七、思考题

滤波电容大小对稳压电压输出有什么影响？

实验十一　电流/电压转换电路

一、实验目的

1. 了解反相输入集成运放在各种转换电路中的应用，熟悉电流/电压转换电路的设计。
2. 学会各种转换电路的调试方法，加深对集成运放在各种实验电路应用中的认识。

二、实验原理

在工业控制中需要将 4～20 mA 的电流信号转换成±10V 的电压信号，以便送到计算机进行处理。这种转换电路以 4 mA 为满量程的 0%对应−10 V；12 mA 为 50%对应 0 mA；20 mA 为 100%对应+10 V。电路如图 1-11-1 所示。

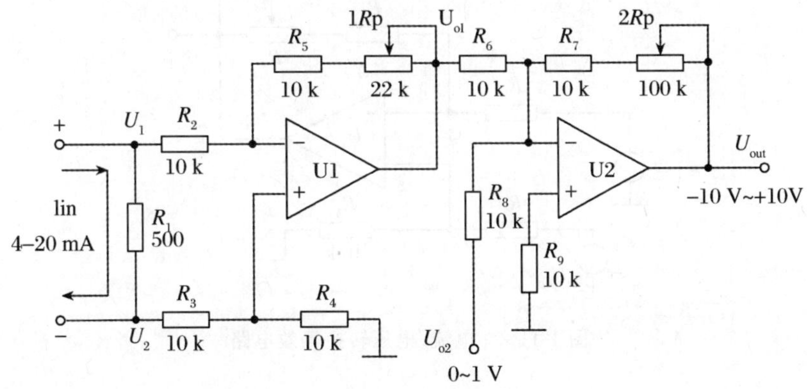

图 1-11-1　电流/电压转换电路

该电路由 U_1 单运放加减运算电路和 U_2 反相求和电路组成。电流 Ii 流过电阻 R_1，

电阻 R_1 两端产生电压 U，运放对 U 进行差动放大，可调电阻用于调放大倍数，使变换电路输出满足设计要求，转换电压用电阻 R_1 可由两只 1 kΩ 电阻并联实现。

（一）输入电流 4 mA 对应电压 2 V，输入电流 20 mA 对应电压 10 V。U_1 设计增益为 1，对应输出电压为 −2～−10 V。1Rp 是用于调整由于电阻元件不对称造成的误差，使输出电压对应在 −2～−10 V，则变化范围为 −2−(−10)＝8 V。

（二）电路最终输出应为 −10～+10 V，即变化范围为 10 V−(−10 V)＝20 V，故 U_2 级增益为 20 V/8 V＝2.5 倍。

（三）输入电流为 12 mA 时，要求 U_2 输出为 0 V，即 12 mA 对应 0 V。U_2 运放采用反相加法器。

$\frac{U_{O1}}{R_6}+\frac{U_{O2}}{R_8}=-\frac{U_{out}}{R_7+2R_P}$ 所以 $U_{out}=-\frac{R_7+2R_P}{R_6}(U_{O1}+U_{O2})$

（因为 $R_6=R_8=10$ k）

U_1 输入端电压 $U_g=I_gR_1$，可等效为图 1-11-2。

所以 $U_t=\frac{R_4}{R_2+R_4}(-\frac{1}{2}U_g)=-\frac{1}{4}U_g=U-$

$\frac{\frac{1}{2}U_g-U_-}{R_2}=\frac{U_--U_{O1}}{R_5+1R_P}$ 所以 $\frac{\frac{1}{2}U_g-(-\frac{1}{4}U_g)}{R_2}=\frac{-\frac{1}{4}U_g-U_{O1}}{R_5+1R_P}$

求得：$U_{O1}=-\frac{1}{4}U_g\left(4+\frac{31R_P}{R_2}\right)$

所以 $U_{out}=-\frac{R_7+2R_P}{R_6}\left[-\frac{1}{4}U_g(4+\frac{3\times1R_P}{R_2})+U_{O2}\right]$

$=-\frac{R_7+2R_P}{R_6}\left[-\frac{1}{4}I_gR_1(4+\frac{3\times1R_P}{R_2})+U_{O2}\right]$

选取不同参数值，可实现电流→电压的转换：

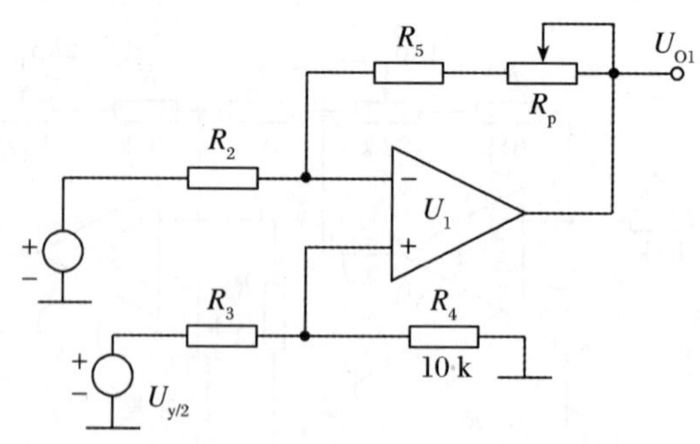

图 1-11-2 电流/电压转换等效电路

三、实验仪器

1. 直流稳压电源；2. 函数信号发生器；3. 示波器；4. 数字万用表；5. 数字毫伏表；6.

实验电路板和连接导线；7. 计算机及其仿真软件；8. OP07 或 μA741 两只；9. 5 k 多圈电位器一只；2 k 多圈电位器两只；电阻、导线若干。

四、预习要求

1. 设计一个能产生 4～20 mA 电流的电流源。画出电路实际接法。
2. 分析电路的工作原理，根据实验选择元器件参数。
3. 设计调试方法和步骤。

五、实验内容

1. 设计一个能产生 4～20 mA 电流的电流源（利用可调电源 317 电路单元串接适当电阻），并调试好毫安信号源。

2. 参照图 1-11-1 连接线路，根据原理自拟调试步骤，逐级调试，直至最后输出达到指标要求。

3. 调整输入电流，测量输出电压。将测量结果记入表 1-11-1。

表 1-11-1

I_i(mA)								
V_{o1}(V)								
V_{out}(V)								

4. 拟定 5～10 个测试点，取点应均匀，画出电流/电压变换特性曲线。

六、实验总结

1. 本实验电路可否改为电压/电流转换电路吗？试分析并画出电路图。

2. 按本实验思路设计一个电压/电流转换电路，将±10 V 电压转换成 4～20 mA 电流信号。

七、注意事项

1. 电流的测量中如采用万用表设置成直流电流表使用，注意电流表在连接的时候必须采用串联的形式。

2. 输出的电流与输入电压之间的转换关系，实际上只有在线性区内才成立。当输入信号过大使运算放大器进入非线性区时，运放的计算不再满足虚短、虚断条件，并且运放的输出受到其最大输出电压和最大输出电流的限制。

实验十二　电压/频率转换电路

一、实验目的

1. 学习电压/频率转换电路。
2. 学习电路参数的调整方法。

二、实验原理

电压一频率转换电路 VFC 的功能是将输入直流电压转换成频率与数值成正比的输出电压，故也称电压控制振荡电路 VCO。复位式电压一频率转换电路的电原理框图如图 1-12-1 所示。电路由积分器和单限比较器组成，S 为模拟电子开关，可由晶体管或场效应管组成。设输出电压 u_O 为高电平 U_{OH} 时 S 断开，u_O 为低电平 U_{OL} 时 S 闭合。当电源接通后，由于电容 C 上电压为零，即 $u_{O1}=0$，使 $u_O=U_{OH}$，S 断开，积分器对 u_i 积分，u_{O1} 逐渐减小；一旦 u_{O1} 过基准电压 $-U_{REF}$，U_O 将从 U_{OH} 跃变为 U_{OL}，导致 S 闭合，使 C 迅速放电至零，即 $u_{O1}=0$，从而 u_O 从 U_{oL} 跃变为 U_{OH}；S 又断开，重复上述过程，电路产生自激振荡，波形如图 1-12-2 所示。u_1 愈大，u_{O1} 从零变化到 U_{REF} 所需时间愈短，振荡频率也就愈高。

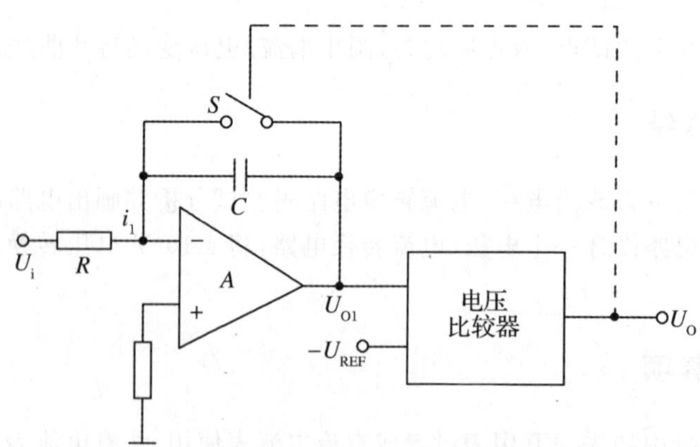

图 1-12-1　复位式电压一频率转换电路的电原理框图

三、实验设备

1. 直流稳压电源；2. 函数信号发生器；3. 示波器；4. 数字万用表；5. 数字毫伏表；6. 实验电路板和连接导线；7. 计算机及其仿真软件。

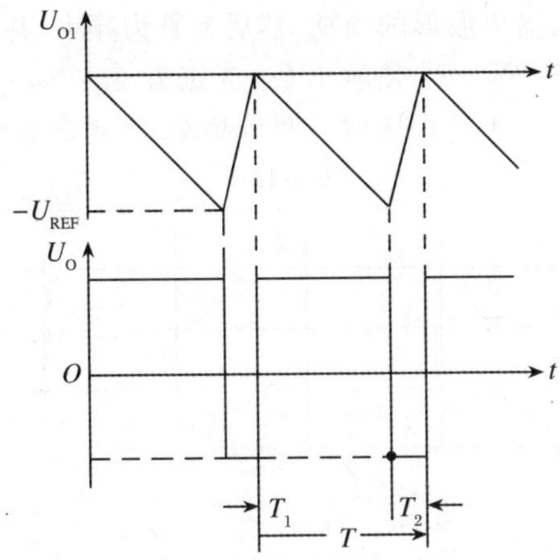

图 1-12-2　复位式电压一频率转换波形图

四、实验预习

1. 了解集成运算放大器 741 的电路结构和工作原理。

2. 了解电压一频率转换电路 VFC 的工作原理。

五、实验内容

实验电路如图 1-12-3 所示，它是由集成电路构成的复位式电压一频率转换电路。该电路实际上为典型的 $U-F$ 转换电路。当输入信号为直流电压时，输出 U_O 将出现与其有一定函数关系的频率振荡波形(锯齿波)。

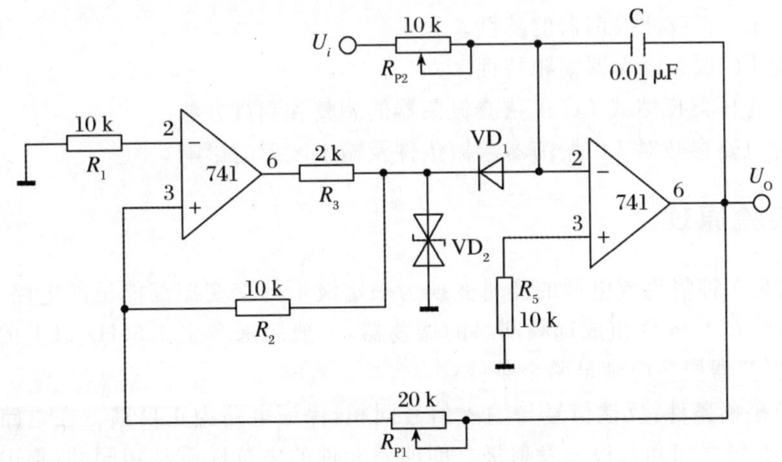

图 1-12-3　复位式电压一频率转换电路

1. 分析电路的工作原理，分析 U_i 与 U_O 的关系，计算出 R_{P1}、R_{P2} 的阻值为多少时，输出信号可满足幅值为 12 V。

2. 学习用示波器观察输出波形的周期,然后换算为频率,并观察幅值。
3. 输入 $U_i=4$ V,调整 R_{P1}、R_{P2} 使输出 U_O 为锯齿波。
4. 改变输入电压(在 0~4 V 内选取),测量频率.将测量结果记入表 1-12-1。

表 1-12-1

Ui(V)								
U_O(V)								
F(Hz)								
U_O 波形								

六、实验报告

1. 整理数据,填入表格内。
2. 画出频率—电压曲线。
3. 完成仿真实验项目和电子实验报告,小结实验关键步骤。

实验十三 LC 振荡器及选频放大器

一、实验目的

1. 研究 LC 正弦波振荡器的特性。
2. 掌握 LC 选频放大器幅频特性。
3. 掌握变压器反馈式 LC 正弦波振荡器的调整和测试方法。
4. 研究电路参数对 LC 振荡器起振条件及输出波形的影响。

二、实验原理

振荡器是一种将直流电源的能量变换为一定波形的交变振荡能量的电路。LC 正弦波振荡器是用 L、C 元件组成选频网络的振荡器,一般用来产生 1 MHz 以上的高频正弦信号。LC 振荡器振荡应满足两个条件:

1. 相位平衡条件:反馈信号与输入信号同相,保证电路为正反馈。在电路中表现为集电极－发射极之间和基极－发射极之间回路元件的电抗性质是相同的,集电极－基极之间回路元件的电抗性质是相反的。在本实验电路中,集电极－基极间的电抗应呈现电感性,集电极－发射极之间和基极－发射极之间的电抗应呈现电容性。

2. 振幅平衡条件:反馈信号的振幅应该大于或等于输入信号的振幅,即

$|\dot{A}\dot{F}|\geq 1$ 式中 $\dot{A}$ 为放大倍数，$\dot{F}$ 为反馈系数。

振荡器接通电源后，由于电路中存在某种扰动，这些微小的扰动信号，通过电路放大及正反馈使振荡幅度不断增大。当增大到一定程度时，导致晶体管进入非线性区域，产生自给偏压，引起晶体管的放大倍数减小，最后达到平衡，即 $AF=1$，振荡幅度就不再增大了。根据 LC 调谐回路的不同连接方式，LC 正弦波振荡器又可分为变压器反馈式（或称互感耦合式）、电感三点式和电容三点式三种。变压器反馈式 LC 正弦波振荡器电路的晶体三极管 T_1 组成共射放大电路，变压器 Tr 的原绕组 L_1（振荡线圈）与电容 C 组成调谐回路，它既作为放大器的负载，又起选频作用，副绕组 L_2 为反馈线圈，L_3 为输出线圈。

变压器反馈式 LC 正弦波振荡器电路靠变压器原、副绕组同名端的正确连接，来满足自激振荡的相位条件，即满足正反馈条件。在实际调试中可以通过把振荡线圈 L_1 或反馈线圈 L_2 的首、末端对调，来改变反馈的极性。而振幅条件的满足，一是靠合理选择电路元件参数，使放大器建立合适的静态工作点，其次是改变线圈 L_2 的匝数，或它与 L_1 之间的耦合程度，以得到足够强的反馈量。稳幅作用是利用晶体管的非线性来实现的。由于 LC 并联谐振回路具有良好的选频作用，因此输出电压波形一般失真不大。

振荡器的振荡频率由谐振回路的电感和电容决定

$$f_0=\frac{1}{2\pi\sqrt{LC}}$$

式中 L 为并联谐振回路的等效电感（即考虑其他绕组的影响）。

振荡器的输出端增加一级射极跟随器，用以提高电路的带负载能力。变压器反馈式 LC 正弦波振荡器的实验电路如图 1-13-1 所示。

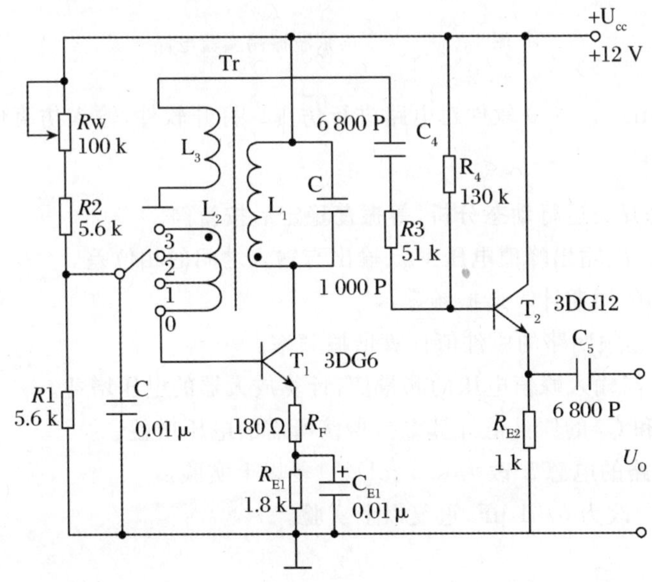

图 1-13-1　LC 正弦波振荡器电路

三、实验仪器

1. 直流稳压电源；2. 函数信号发生器；3. 示波器；4. 数字万用表；5. 数字毫伏表；6. 实验电路板和连接导线；7. 计算机及其仿真软件。

四、预习要求

1. *LC* 正弦波振荡器三点式振荡器条件及频率计算方法，计算图 1-13-2 所示电路中当电容 *C* 分别为 0.047 μF 和 0.01 μF 时的振荡频率。*LC* 正弦波振荡实验电路如图 1-13-2 所示。

2. *LC* 选频放大器幅频特性。

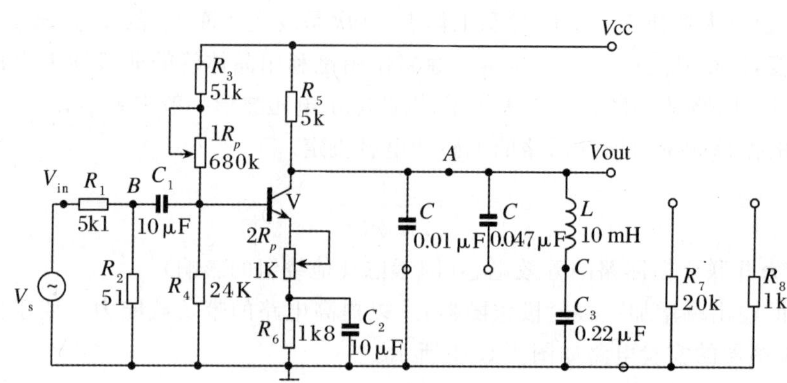

图 1-13-2　*LC* 正弦波振荡实验电路

3. 利用 Multisim　9.0 软件对电路进行仿真。打开软件，输入仿真电路如图 1-13-3 所示。

(1)单击仿真开关运行动态分析，等振荡稳定后按暂停。

(2)测量周期 *T*、输出峰值电压 V_{op}、输出与输入之间的相位差。

(3)根据测出的周期计算谐振频率。

(4)根据 *LC* 选频回路的原件值计算谐振频率。

(5)根据输出与输入峰值电压的测量值，计算放大器的电压增益。

(6)根据 C_1 和 C_2 的原件值计算维持振荡所需的电压增益。

(7)将 *LC* 回路的电感 *L* 改为 0.5 mH，重复以上实验。

(8)将电容 C_1 改为 0.01 uF，重复以上实验。

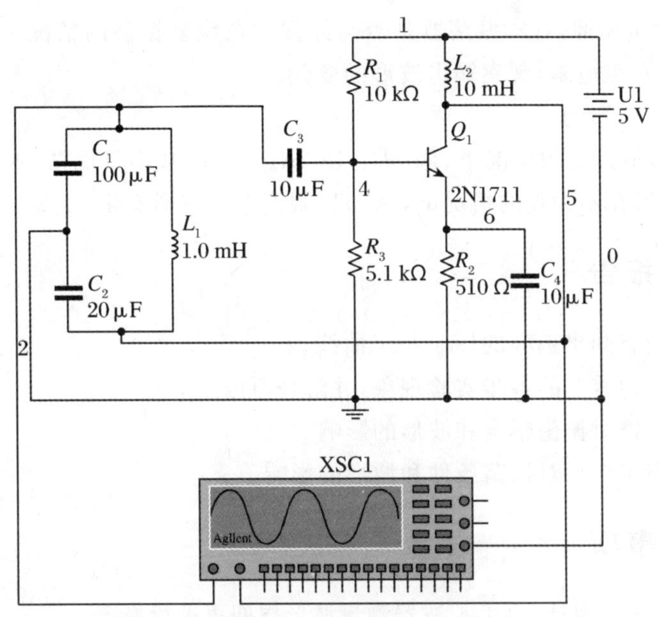

图 1-13-3　电容三点式振荡器仿真

五、实验步骤

(一)测选频放大器的幅频特性曲线

1. 按图 1-13-2 连接线路,先选电容 C 为 0.01 μF。

2. 调 $1R_P$ 使晶体管 V 的集电极电压为 6 V(此时 $2R_P=0$)。

3. 调信号源幅度和频率,使 $f\approx16$ kHZ,$V_i=10V_{P-P}$,用示波器监视输出波形,调 $2R_P$ 使失真最小、输出幅度最大,测量此时幅度,计算 A_V。

4. 微调信号源频率(幅度不变)使 U_{out}最大,并记录此时的 f 及输出信号幅值。

5. 改变信号源频率,使 f 分别为(f_0-2)、(f_0-1)、$(f_0-0.5)$、$(f_0+0.5)$、(f_0+1)、(f_0+2)(单位:kHz),分别测出相对应频率的输出幅度。

6. 电容 C 改接为 0.047 μF,重复上述实验步骤。

(二)LC 振荡器的分析

去掉信号源,先将 $C=0.01$ μF 接入,断开 R_2。在不接通 B、C 两点的情况下,令 $2R_p=0$,调 $1R_P$ 使 V 的集电极电压为 6 V。

1. 振荡频率

接通 B、C 两点,用示波器观察 A 点波形,调 $2R_P$ 使波形不失真,测量此时振荡频率,并与前面实验的选频放大器谐振频率比较。将 C 改为 0.047 μF,重复上述步骤。

2. 振荡幅度条件

在形成稳定振荡的基础上,测量 V_b、V_c、V_A。求出 $A_v\cdot F$ 值,验证 $A_v\cdot F$ 是否等于

1。调 $2R_p$，加大负反馈，观察振荡器是否会停振。在恢复振荡的情况下，在 A 点分别接入 20 kΩ、1 kΩ 负载电阻，观察输出波形的变化。

3. 影响输出波形的因素

在输出波形不失真的情况下，调 $2R_p$，使 $2R_p \to 0$，即减小负反馈，观察振荡波形的变化。调 R_p 使波形在不失真的情况下，调 $2R_p$ 观察振荡波形变化。

六、实验报告

1. 由实验内容画出选频的 $|A_V|-f$ 曲线。
2. 记录实验内容 2 的各步实验现象，并解释原因。
3. 总结负反馈对振荡幅度和波形的影响。
4. 分析静态工作点对振荡条件和波形的影响。

七、注意事项

本实验中若无频率计，可由示波器测量波形周期再进行换算。

第二章　模拟电子技术综合实验

实验一　蔡氏混沌电路的设计与观察

一、实验目的

1. 了解混沌的基本概念和典型特征。
2. 掌握有源非线性电阻的伏安特性的测量方法。
3. 通过研究蔡氏电路，观察混沌现象，了解产生混沌的倍周期分岔道路。

二、实验原理

混沌是不含外加随机因素的完全确定性的系统表现出来的界于规则和随机之间的内秉随机行为，是自然界普遍存在的复杂运动形式。混沌具有以下一些基本特征：

1. 遍历性：混沌运动轨道局限于一个确定的区域——混沌吸引域，混沌轨道经过混沌区域内每一个状态点。

2. 整体稳定局部不稳定性：混沌运动不仅具有整体稳定性，还具有局部不稳定性。

3. 对初始条件的敏感依赖性：美国麻省理工学院教授洛伦兹研究"长期天气预报"问题时指出"一只蝴蝶在巴西扇动翅膀，就有可能在美国的德克萨斯引起一场风暴"。这句话形象地反映了混沌运动的一个重要特征：系统的长期行为对初始条件的敏感依赖性。初始条件的任何微小变化，经过混沌系统的不断放大，都有可能对其未来的状态造成极其巨大的差别。所以，人们常用"蝴蝶效应"来形容混沌系统对初始条件的敏感依赖特性。

4. 轨道不稳定性及分岔：混沌运动会随某个或某组参数的变化而变化。这个参数值(或这组参数值)称为分岔点，在分岔点处参数的微小变化会产生不同性质的动力学特性，所以系统在分岔点处是结构不稳定的。

5. 长期不可预测性：由于混沌系统所具有的轨道的不稳定性和对初始条件的敏感性的特征，因此不可能长期预测将来某一时刻的动力学特性。

为了对混沌现象有更直观的认识，我们可以通过电路实验，用示波器观察混沌现象。Chua 电路也称为蔡氏电路是第一个用电子元件实现的混沌系统，是由美籍华人科学家蔡少棠(L. O. Chua)提出的。

蔡氏电路是一个三维自治振荡系统，是由四个元器件：电感 L，电阻 R、电容 C_1 和 C_2，以及一个被称为蔡氏二极管的非线性电阻 R_N 所构成的一个简单的电子电路，如图 2 所示。人们知道，由电感、电阻和电容构成的自治电路如果要产生混沌，必须满足三个条件：(1)至少要有一个非线性元件；(2)至少有一个局部活动性电阻；(3)至少有三个储能元器件。蔡氏电路是满足这三个标准的简单的电子电路。在实际的蔡氏电路中，蔡氏二极管可以用两个运算放大器和六个电阻来实现，如图 2-1-1 所示。

元器件参数选择为：运算放大器为 AD712，电阻：R_O 可调，$R_1=3.3\ \text{k}\Omega$，$R_2=R_3=22\ \text{k}\Omega$，$R_4=2.2\ \text{k}\Omega$，$R_5=R_6=220\ \Omega$，电感：$L=18\ \text{mH}$，电容：$C_1=10\ \text{nF}$，$C_2=100\ \text{nF}$。

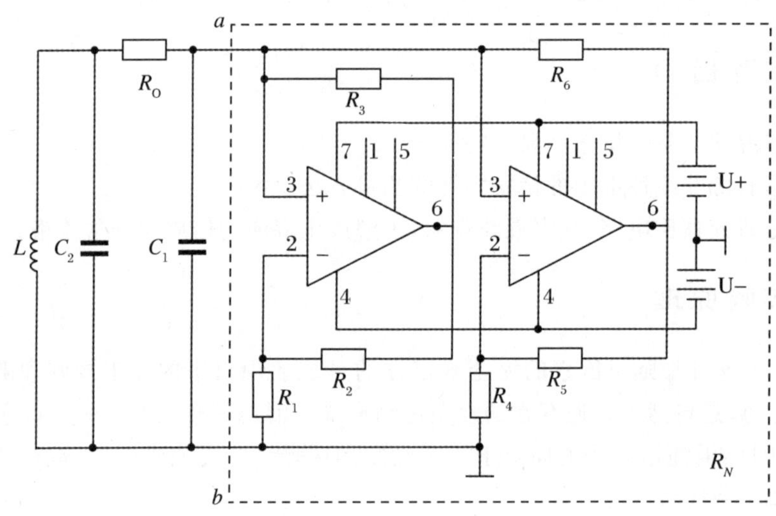

图 2-1-1　Chua 电路图

蔡氏电路可以由下列动态方程来描述：

$$\begin{cases}\dfrac{\mathrm{d}V_1}{\mathrm{d}t}=\dfrac{1}{RC_1}(V_2-V_1)-\dfrac{1}{C_1}f(V_1)\\ \dfrac{\mathrm{d}V_2}{\mathrm{d}t}=\dfrac{1}{C_2}I_3-\dfrac{1}{RC_2}(V_2-V_1)\\ \dfrac{\mathrm{d}I_3}{\mathrm{d}t}=-\dfrac{1}{L}V_2,\end{cases}\tag{2}$$

其中，V_1、V_2 和 I_3 分别是电容 C_1、C_2 两端的电压和流过电感 L 的电流，$f(V_1)$是描述非线性电阻 R_N 的 I-V 特性的分段线性多项式：

$$f(V_1)=G_bV_1+\frac{1}{2}(G_a-G_b)[|V_1+E|-|V_1-E|]\tag{3}$$

其中，G_a 和 G_b 分别表示 $I-V$ 特性线段的斜率，E 为折点电压。非线性元件 R_N 的伏安特性曲线如图 2-1-2 所示。

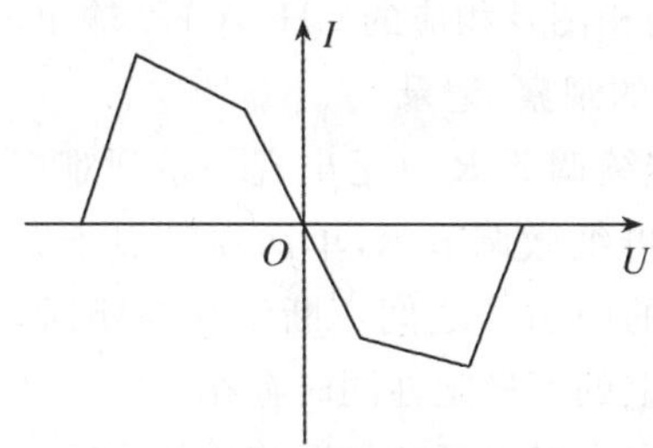

图 2-1-2　非线性元件 R_N 的伏安特性曲线

三、实验器材

1. 直流稳压电源；2. 函数信号发生器；3. 示波器；4. 数字万用表；5. 数字毫伏表；6. 实验电路板和连接导线；7. 计算机及其仿真软件；8. 集成运放 μA741、电阻器、电容器、电容、电感和可调电位器若干。

四、预习要求

利用 Multisim 仿真图 2-1-1 所示电路，观察下列情况：

Chua 电路中 $R=1850\ \Omega$ 时，展示出双涡卷混沌吸引子。

Chua 电路中 $R=2\ \text{k}\Omega$ 时，展示出单涡卷混沌吸引子。

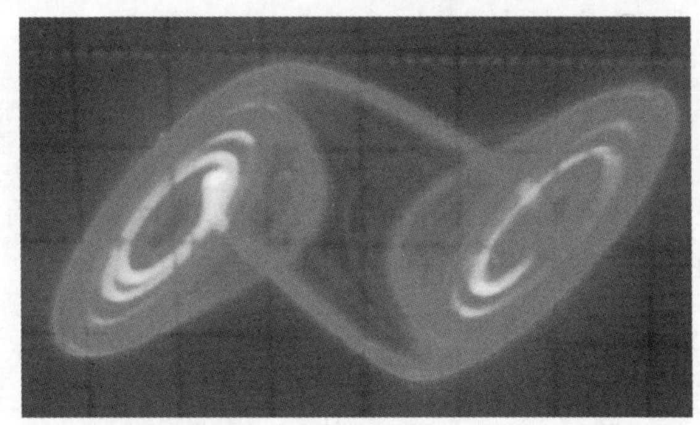

图 2-1-3　双涡卷混沌吸引子

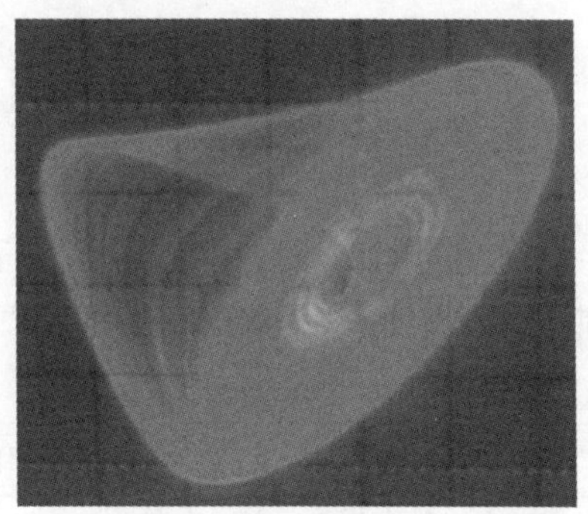

图 2-1-4　单涡卷混沌吸引子

五、实验内容

1. 倍周期现象的观察、记录

按图 2-1-1 连好线路。将电容 C_1，C_2 上的电压输入到示波器的 X(CH1)，Y(CH2)轴，先把 R 调到最小，示波器屏上可观察到一条直线，调节 R_O，直线变成椭圆。增大示波器的倍率，反向微调 R_O，可见曲线作倍周期变化，曲线由一周期增为二周期，由二周期倍增至四周期。

记录二周期、四周期时的相图及相应的 CH1、CH2 输出波形图。

2. 单吸引子和双吸引子的观察、记录

在步骤(一)的基础上，继续调节 R 直至出现一系列难以计数的无首尾的环状曲线，这是一个单涡卷吸引子集。再细微调节 R，单涡卷吸引子突然变成了双涡卷吸引子，只见环状曲线在两个向外涡旋的吸引子之间不断填充与跳跃，这就是混沌吸引子，它的特点是整体上的稳定性和局域上的不稳定性同时存在。

记录单涡卷吸引子和双涡卷吸引子的相图相应的 CH1、CH2 输出波形图。

3. 周期性窗口的观察、记录

仔细调节 R，有时原先的混沌吸引子不是倍周期变化，却突然出现了一个三周期图像，再微调 R，又出现混沌吸引子，这一现象称为出现了周期性窗口。

观察并记录三周期时的相图相应的 CH1、CH2 输出波形图和 R 的值。

4. 测量有源非线性电阻的伏安特性

因为非线性电阻是含源的，测量时不用电源，用电阻箱调节。伏特表并联在非线性电阻两端，再和安培表、电阻箱串在一起构成回路。电路图如图 2-1-5。因为非线性电阻是含源的，此回路中始终有电流流过。R_{P3} 的作用是改变非线性元件的对外输出。调节其阻值，测得一系列 U、I 值。

尽量多测数据点。

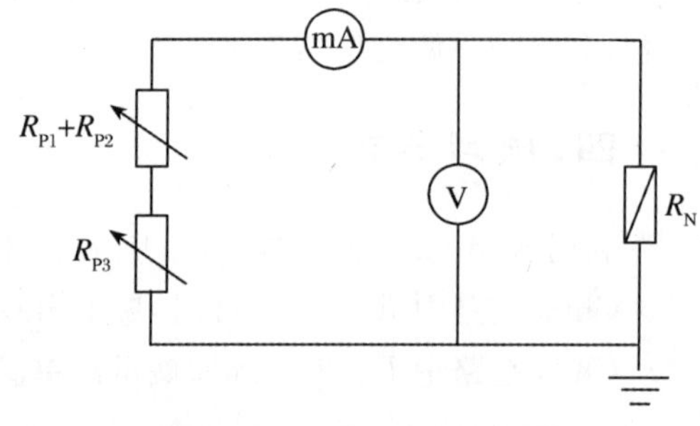

图 2-1-5　测伏安特性

六、实验报告

1. 倍周期、单吸引子、双吸引子的观察、记录通过调节电阻 R_0，在示波器上观察倍周期分岔、周期三、单双吸引子的相图，并在坐标纸上描图。

表 2-1-1

	相图	CH1 波形	CH2 波形
一周期			
二周期			
四周期			
三周期			
单涡卷吸引子			
双涡卷吸引子			

2. 有源非线性电阻的伏安特性

表 2-1-2

III 象限	1 段	U	−12.200	−12.000	−11.500	−11.000	−10.500	−10.000
		I						
	2 段	U	−8.000	−7.000	−6.000	−5.000	−4.000	−3.000
		I						
	3 段	U	−2.000	−1.600	−1.200	−1.000	−0.800	−0.400
		I						
I 象限	4 段	U	2.000	1.800	1.700	1.600	1.500	1.000
		I						
	5 段	U	10.000	9.000	8.000	7.000	6.000	5.000
		I						
	6 段	U	12.800	12.500	12.000	11.800	11.500	11.300
		I						

在坐标纸上画出伏安特性曲线图。

七、思考题

1. 什么是混沌现象？产生混沌现象的根本原因是什么？

2. 分析讨论你所观察的混沌现象有哪些特征，并列举一些你所了解的混沌现象，以及发生混沌现象的途径。

3. 什么是倍周期分岔？

实验二　用于霍尔元件的测量电路

一、实验目的

1. 了解霍尔传感器接口电路的工作原理。

2. 学习电路的调试方法。

3. 训练一些典型电路的应用能力。

二、实验原理

当片状 N 型半导体有磁力线贯穿法线方向时，如果在横向通以电流，在洛伦兹力的

作用下，在其纵向两端将产生电位差（霍尔电压）

$$U_H=KIB$$

其中 K 是常数，I 是横向流过的电流，B 是被测的磁感应强度。为了保证霍尔电压只与被测的磁感应强度有关，接口电路首先要为霍尔元件在横向提供一个恒流源。图2-2-1是一个同向放大器。所以 $U_O=\dfrac{R_1+R_2}{R_1}U_I$。根据运放“虚断”和“虚短”的知识点，流过 R_2 的电流 $I=\dfrac{U_O}{R_1+R_2}$，$I=\dfrac{U_I}{R_1}$，由此看出，该电流与 R_2 无关，将 R_2 换成霍尔元件，见图 2-2-2，则流过霍尔元件的电流是恒定的，从而得到只与磁感应强度成正比的霍尔电压 U_H，再用差分电路对霍尔电压进行放大，最后将电位差信号转换成对地的电压，见图 2-2-3。

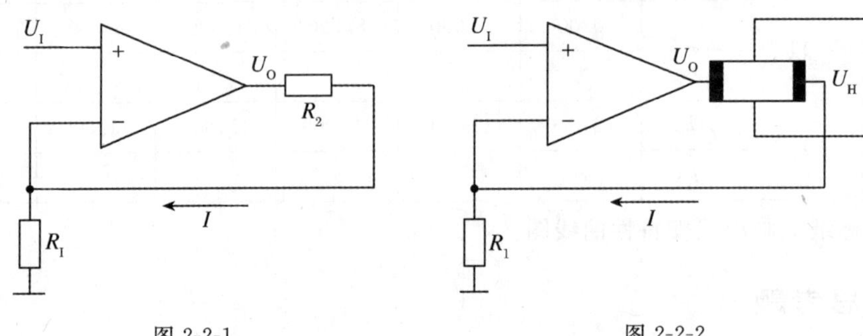

图 2-2-1　　　　图 2-2-2

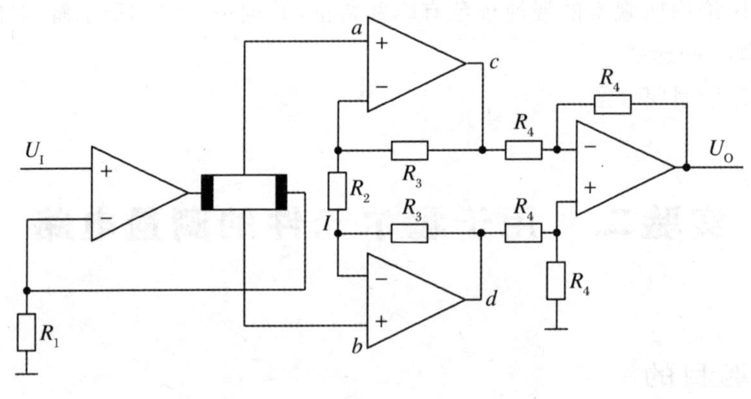

图 2-2-3

同样运用运放“虚断”和“虚短”知识点可得，$U_H=U_a-U_b=IR_2$，

其中 $I=\dfrac{U_C-U_d}{R_2+2R_3}$，所以 $U_H=\dfrac{U_C-U_d}{R_2+2R_3}R_2$，又因为 $U_O=-(U_C-U_d)$

所以 $U_O=-\dfrac{R_2+2R_3}{R_2}U_H$

三、实验器材

1. 直流稳压电源；2. 函数信号发生器；3. 示波器；4. 数字万用表；5. 数字毫伏表；6. 实验电路板和连接导线；7. 计算机及其仿真软件；8. 电子型霍尔元件及永久性磁铁。

四、预习要求

1. 了解霍尔效应。

2. 复习运算放大器的差分电路。

五、实验内容

1. 假设 R_4 为 10 kΩ，元件在横向需要提供 10 mA 的电流，且霍尔电压需要放大 20 倍，请设计 R_1 到 R_3 的电阻值。

2. 查参考资料确定运放引脚，按图 2-2-3 连接电路，并将运放的电源接到正、负12 V。

3. 将图中 a 点断开，用一可调直流电源模拟霍尔电压，并自行设计表格来研究霍尔电压与输出电压的关系，要求测到非线性区。

4. 将永久性磁铁移近霍尔元件，观察输出电压的变化。

六、实验报告

1. 说明要完成本实验内容的电路参数的设计理由。

2. 整理实验数据，填入表中，用适当的方法处理数据，并计算放大倍数。

3. 将表中的数据描成曲线，并判断非线性区。

七、思考题

1. 如果仅仅是要获得输出的数字信号(例如用于接近开关或测速等)，在电路的修改上需要作哪些考虑？

2. 温度变化是否会对结果产生影响？

实验三　PN 结测温电路

一、实验目的

1. 了解 PN 结温度感器接口电路的工作原理。
2. 学习电路的调试方法。
3. 学习运算放大器一些典型线性电路的应用。

二、实验原理

当 PN 结正向偏置时(图 2-3-1),其结电压与诸多因数有关,下式中 Eg_0, e, K_0, B

$$U_F=\frac{E_{g0}}{e}-\frac{K_0 T}{e}\ln\left(\frac{BT^t}{I_F}\right)$$

都是常数,U_F 是正相电压,I_F 是正相电流。显然要按这种精确的公式配置接口电路有较大的难度,但实践证明,当正向电流不变时,正向电压对绝对温度的一阶导数近似于一个常数,即-2.2 mV/T。如果让 t 表示摄氏温度,则正向电压可以用下式表示。

$$U_F=U_O-kt$$

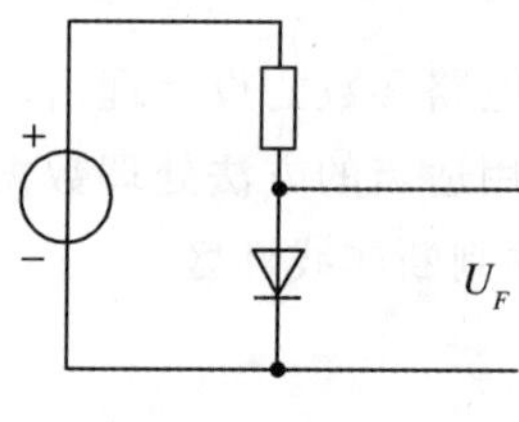

图 2-3-1

其中 U_O 是 0 ℃时的电压,$K=2.2\ mV/T$。这是一个线性函数,可用图 2-3-2 的线性放大电路来实现,最后的输出电压与摄氏温度 t 成正比。图中的 W 是一个齐纳二极管,是为了提供一个基准电压 6 V,IC_1 是为了增强带负载能力,R_2, R_3, R_4, T 为测温 PN 结提供一个恒流源。R_5, R_6, R_7, IC_2 构成反向放大器,其目的在于抵消 0 ℃时的电压 U_O。R_8, R_9, R_{10}, IC_3 构成反向加法放大器,是为了得到与摄氏温度 t 成正比的输出电压。

图中各标出点的电压计算如下:

$$U_a=6\ \text{V} \qquad U_b=U_O-\text{Kt}$$

$$U_c=-\frac{R_7}{R_6}\cdot U_a \qquad U_{out}=-(U_b+U_c)\frac{R_9}{R_8}$$

所以 $U_{out}=-(U_O-Kt-\frac{R_7}{R_6}\cdot 6)\frac{R_9}{R_8}$

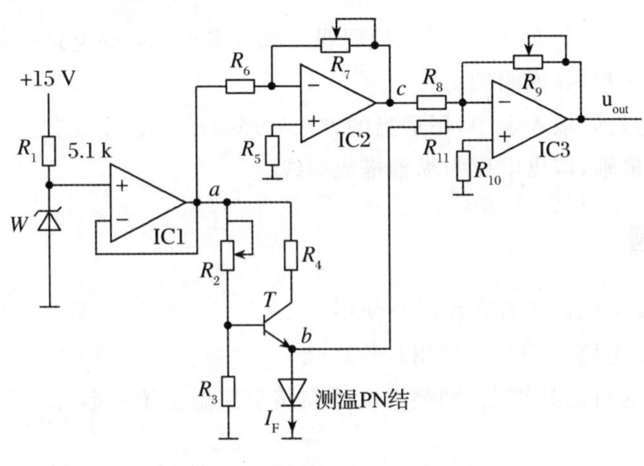

图 2-3-2

显然我们的目的是要在输出端得到与 t 成正比的电压，所以 $U_O-\frac{R_7}{R_6}\cdot 6=0$，因为 U_O 是 0 ℃时的电压，所以应该把温度传感器放在 0 ℃的环境里（冰水混合物），调节 R_7 使 c 点的电压为 0 V。然后再把温度传感器放在 100 ℃的环境里（沸点），调节 R_9 使输出值达到所需的幅度。

三、实验器材

1. 直流稳压电源；2. 函数信号发生器；3. 示波器；4. 数字万用表；5. 数字毫伏表；6. 实验电路板和连接导线；7. 计算机及其仿真软件；8. 0 ℃和 100 ℃的测温环境；9. 精度为 0.1 ℃，量程大于 100 ℃的水银温度计。

四、预习要求

1. 了解 PN 结的测温原理。
2. 复习运算放大器的一些基本的线性电路。

五、实验内容

1. 要求电路的输出端在 0 ℃时的电压为 0 V，100 ℃时的电压为 10 V，请设计 R_6 和 R_8 的电阻值，并确定 R_7 和 R_9 的变化范围。
2. 查参考资料确定运放引脚，按图 2-3-2 连接电路，并将运放的电源接到正、负 15 V。
3. 调试电路，使之能满足 0 ℃到 100 ℃的测量范围。
4. 自行设计表格和实验方法，记录在不同的温度点下所对应的电压值。

六、实验报告

1. 简述图 2-3-2 电路的工作原理，说明要完成本实验内容的电路参数的设计理由。
2. 叙述调试过程，并说明理由。
3. 整理实验数据，填入表中，用适当的方法处理数据并给出误差。
4. 以温度为横轴，输出电压为纵轴描成曲线。

七、思考题

1. *PN* 结测温传感器能否在高温下使用。
2. 在图 2-3-2 电路中 IC_2 的作用是什么。
3. 如果测温的目的是控温，则测温电路在整个控温系统中起什么作用，请从框架的角度思考。

实验四　模数转换器的前置电路

一、实验目的

1. 了解模数转换器对输入信号的基本要求及前置电路的工作原理。
2. 学会根据任务要求设计电路的一些参数。
3. 学习电路的调试方法。

二、实验原理

模数转换器是将模拟量转换成数字量的电子器件，通常是集成电路，如 ACD0809、TLC5540 等，有的是各种单片机自带的模数转换器。但是直接用模数转换器采集模拟信号有几个问题需要解决，一是当输入信号幅度过大会损坏器件，二是幅度过小，会降低精度，还有就是大多数模数转换器不接受负电压。所以本实验是一个设计性实验，旨在让实验者能够根据任务要求设计电路的一些参数，并能指导自己的调试。

例 1：已知模数转换器的输入端只能接受 0 至 5 V 的电压，外部输入电压是一个直流电压，范围在 0 至＋10 V 之间，那么解决方案就会很简单，只需要用电阻够成一个能把 10 V 变成 5 V 的分压电路，并将分压点接到模数转换器的输入端。

例 2：已知模数转换器的输入端只能接受 0 至 5 V 的电压，外部输入电压是一个交流电压，峰峰值低于 20 V，那么解决方案除了要考虑降压以外，还要放大，最后还要叠加一个直流电压，使整个动态范围都在 0 V 以上。电路见图 2-4-1。

IC_1 起隔离作用，IC_2 调节放大倍数，IC_3 进行直流电平叠加。图中各标出点的电压计算如下：

$$U_a = U_b = \frac{R_2}{R_1 + R_2} U_{in} \qquad U_c = -\frac{R_4}{R_3} \cdot \frac{R_2}{R_1 + R_2} U_{in}$$

$$U_{out} = U + \frac{R_4}{R_3} \cdot \frac{R_2}{R_1 + R_2} U_{in}$$

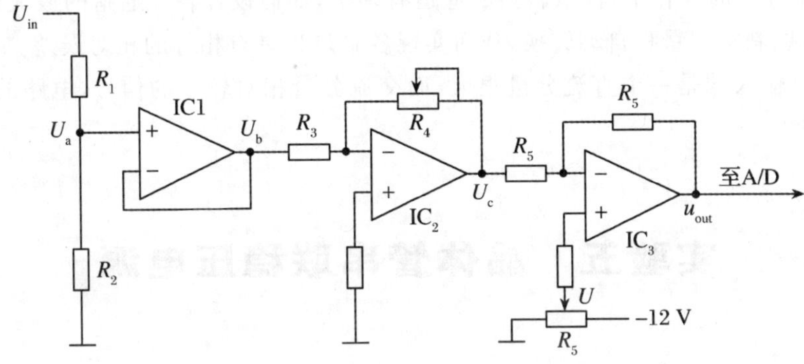

图 2-4-1

三、实验器材

1. 直流稳压电源；2. 函数信号发生器；3. 示波器；4. 数字万用表；5. 数字毫伏表；6. 实验电路板和连接导线；7. 计算机及其仿真软件。

四、预习要求

1. 了解模数转换器的相关知识。
2. 复习运算放大器的典型应用电路。

五、实验内容

1. 已知模数转换器的输入端只能接受 0 至 5 V 的电压，外部输入电压是一个交流电压，峰峰值有可能高达 100 V，也有可能低至 1 V，一旦峰峰值确定后，总能通过调节 R_6，使之满足 0 到 5 V 的动态范围，请确定 R_1，R_2、R_3 的值和 R_4 的变化范围。

2. 查参考资料确定运放引脚，按图 2-4-1 连接电路，并将运放的电源接到正、负 12 V。

3. 将输入端对地短路，调节 R_6，使 Uout 为 0 V。

4. 将输入端连接到正弦信号源，当峰峰值分别等于 1 V，5 V，10 V 的情况下，用示波器观察输出波形，调节 R_6，使之满足动态范围。

六、实验报告

1. 简述图 2-4-1 电路的工作原理，说明要完成本实验内容的电路参数的设计理由。
2. 叙述调试过程，并说明理由。

七、思考题

1. 如果在分时操作下，模数转换的通道有多个，如何设计各个通道的放大倍数，使之在 MCU 的控制实现量程自动转换，从而实现各个量程具有相等的相对误差。

2. 如果输入端是一个直流分量很大，而交流分量相对较小的信号，电路的设计有哪些应对方法？

实验五　晶体管串联稳压电源

一、实验目的

1. 了解晶体管串联稳压电源的组成，掌握其主要技术指标以及性能测试和调整方法。
2. 运用 EWB 的故障模拟功能学习判断晶体管串联稳压电源的故障和简单检修的方法。

二、实验原理

晶体管稳压电源是常用电子设备的重要组成部分，当电网电压或负载有一定变动时，它能使输出电压自动调整并保持稳定。

图 2-5-1 是晶体管串联稳压电源电路。

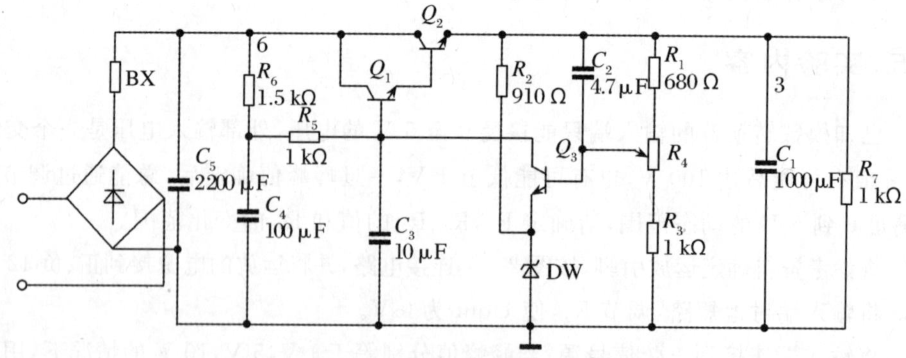

图 2-5-1　晶体管串联稳压电源电路

C_5 与桥式整流电路把交流电转换成直流电。它与负载 R_7 相串联，Q_2 与 Q_1 组成复合调整管。Q_3 为比较放大管，它与 R_5，R_6，C_3，C_4 组成负反馈电路，控制 Q_1 的 U_{BE}，达到稳定输出电压的目的，R_2，DW 提供 Q_3 发射极基准电压。C_2 为加速电容，C_1 为输出滤波电容，R_1，R_3，R_4 组成取样电路。

当电网电压升高或负载 R_7 增大而使输出电压升高时，通过 R_1，R_3，R_4 分压，使 Q_3 基极电压上升。因 DW 的稳压作用，Q_3 发射极电位不变，所以 Q_3 的 U_{BE} 增加，于是 Q_3 的 I_C 增加，并使 Q_3 的 U_{C3} 减小，即 Q_1Q_2 复合管的基极电压减小，集电极电流 I_{C2} 减小，Q_2U_{ce2} 增加，从而使输出电压保持基本不变。反之，当电网电压降低或负载 R_7 减小时，与之作用过程相反，使 Q_3 的 U_{BE} 减小，于是 Q_3 的 I_C 减小，并使 Q_3 的 U_{C3} 增加，即 Q_1Q_2 复合管的基极电压增大，集电极电流 I_{C2} 增大，Q_2 的 U_{ce2} 减小，从而使输出电压保持基本不变。

调节 R_4，可调节稳压电源的输出电压。

三、实验预习

1. 复习桥式全波整流串联稳压电源的工作原理。了解使用不同极性的调整管及电源输出接地点极性不同时，相应的电路连接方法。

四、实验器材

1. 仪器

名称	规格及型号	数量	备注
示波器		1	
万用表		1	
交流电源	0～20 V 可调	1	可用变压器代
交流电压表	0～15 V	1	

2. 元器件

名称	规格及数量	备注
晶体管	2CZ13×4；3DG6×1；3DG12×1；3DD×1 BV_{CEO}≥24 V　2CW14×1	
电容	2 200 μF/25 V×1；1 000 μF/16 V×1；100 μF/25 V×1；10 μF/16 V×1；4.7 μF/10 V×1	
电阻	1.5 kΩ×1；1 kΩ×2；820 Ω×1；680×1；(12 Ω×1；24 Ω×1；36 Ω×1)10 w	负载电阻可用 1.5 A，40 Ω 滑线变阻器代
电位器	1 kΩ×1 微调	
保险丝	直流 2 A 一只	

五、实验内容

1. 串联稳压电源的搭接与调试。

2. 串联稳压电源的稳定性能测量。

3. 稳压电源效率的估算。

4. 观察稳压输出的纹波。

5. 串联稳压电源的故障判断与仿真模拟。

按图 2-5-1 搭接实验电路，核对电路和元器件，确认无误后再输入端接入 16 V 交流电压。使用交流调压器供电。此时，应有输出电压，调节 R_4，电压读数若有变化，说明串联稳压电源工作基本正常。调节 R_4 使输出电压空载时为 12 V。按表 2-5-1 所列要求进行测量，并将测量数据记入表中。如果输出电压不正常，按附表 2-5-1～2-5-5 串联稳压电源检修方法进行检修。仿真模拟附表 2-5-1～2-5-5 中故障学习检修。

6. 稳压性能实验

(1)改变负载电流。输入 16 V 交流电压不变，输出电压为空载 12 V，在输出端分别接 36 Ω，24 Ω，12 Ω 电阻(假负载)，按表 2-5-2 中要求测量，并将测量结果记入表中。

(2)改变输入电压。当交流输入为 16 V，R_7 为 24 Ω 电阻时调节 R_4，使输出为 12 V。改变输入交流电压为 18 V，16 V，14 V 按表 2-5-3 要求进行测量，将测量结果填入表中。

7. 测量稳压电源的效率

按表 2-5-4 要求测量并将结果记入表中。

8. 观察输出纹波

用示波器观察输出电压纹波。断开 C_3、C_4 后再观察输出电压纹波。

表 2-5-1 工作点电压

输入端交流电压(V)	C_5 两端电压	Q_2		Q_1		Q_3		DW 两端电压(V)	空载输出电压(V)
		U_{be}	U_{ce}	U_{be}	U_{ce}	U_{be}	U_{ce}		
16									12
晶体管工作状态									

表 2-5-2 稳压性能测试

输入端交流电压(V)	C_1 两端电压	Q_2 U_{ce}	Q_1 U_{ce}	Q_3 U_c	R_L (Ω)	输出电压(V)	稳压性能
16					∞	12	
					36		
					24		
					12		

$$稳压性能=\frac{|输出电压-12|}{12}\times\%$$

表 2-5-3 输入电压改变时,稳压性能测试

输入端交流电压(V)	C_5 两端电压	Q_2 U_{ce}	Q_1 U_{ce}	Q_3 U_c	R_L Ω	输出电压(V)	稳压性能
18					24		
16					24	12	/
14					24		

表 2-5-4 稳压电源效率

输入端交流电压(V)	R_L Ω	流过 Q_1Q_2 集电极电流(mA)	流过 R_7 点电流(mA)	输出电压(V)	效率
18	24			12	
14	24				

$$稳压器效率=\frac{输出电压\times流过 3 点电流}{C_5 两端电压\times流入 Q_1Q_2 集电极电流}$$

附串联稳压电源常见故障的判断及其检修方法

串联稳压电源是多种电子设备中主要组成部件之一,它的故障会造成整个设备不能工作。下面介绍根据串联稳压电源故障现象来分析和检修故障的方法。

第一步,直观检查。检查印刷线路板的设计有无差错,铜箔线条有无断裂、元件选用、连接是否正确、元件有无虚焊和烧焦等。若以上故障排除后稳压电源仍不能正常工作,则进行第二步,按附表 19.1～19.5 的方法进行检修。

附表 19.1

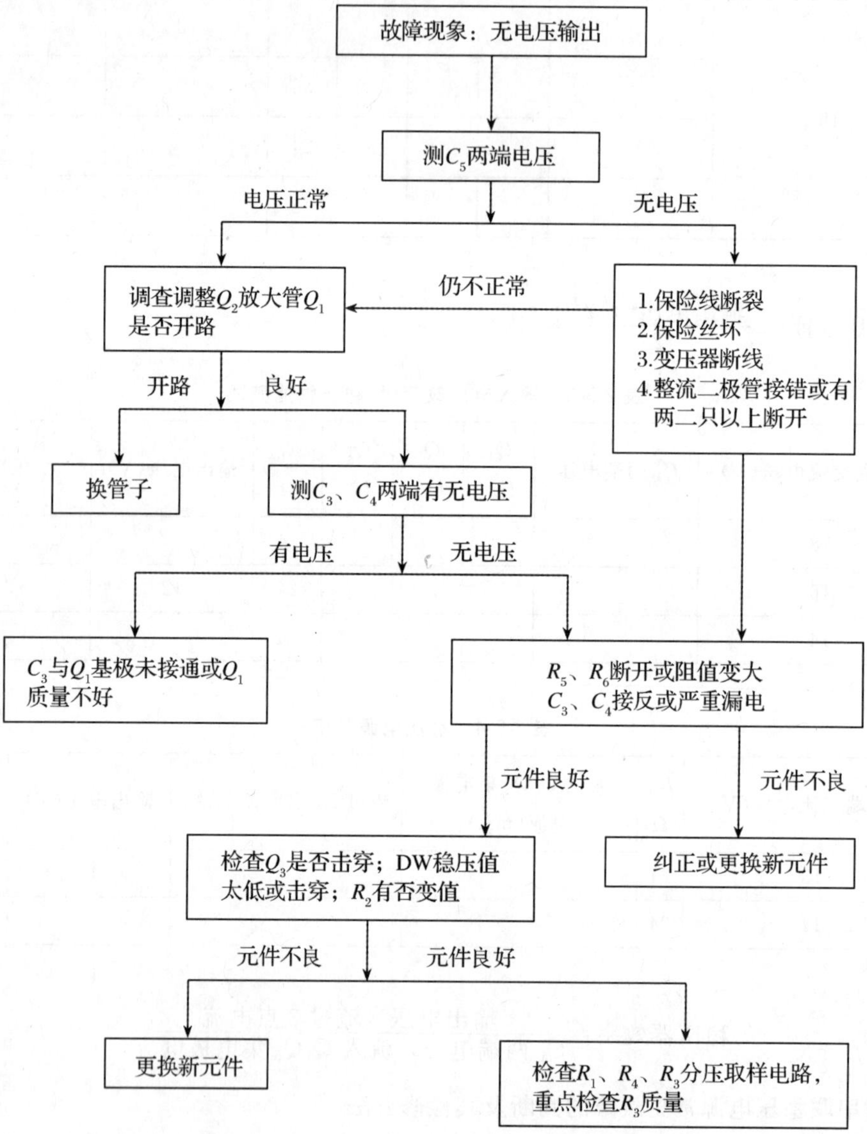

故障现象：无电压输出

测C_5两端电压

电压正常　　无电压

调查调整Q_2放大管Q_1是否开路

仍不正常

1.保险线断裂
2.保险丝坏
3.变压器断线
4.整流二极管接错或有两二只以上断开

开路　　良好

换管子

测C_3、C_4两端有无电压

有电压　　无电压

C_3与Q_1基极未接通或Q_1质量不好

R_5、R_6断开或阻值变大
C_3、C_4接反或严重漏电

元件良好　　元件不良

检查Q_3是否击穿；DW稳压值太低或击穿；R_2有否变值

纠正或更换新元件

元件不良　　元件良好

更换新元件

检查R_1、R_4、R_3分压取样电路，重点检查R_3质量

附表 19.2

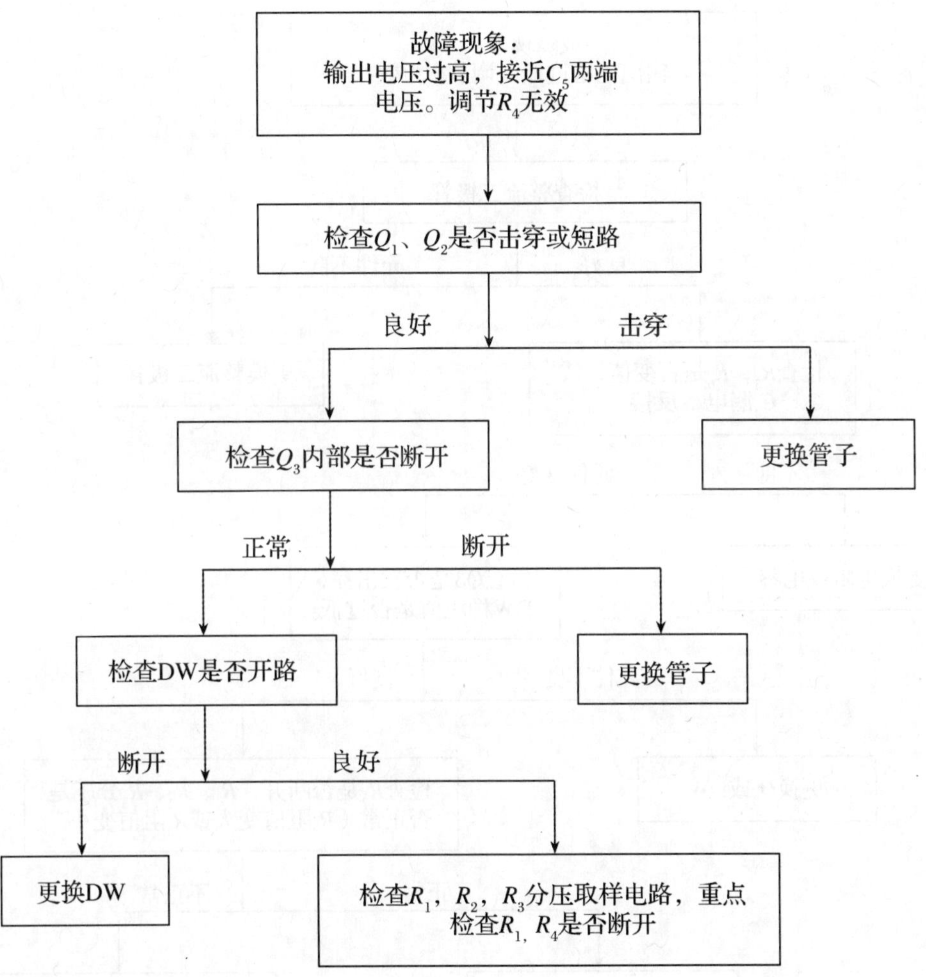
故障现象：
输出电压过高，接近C_5两端电压。调节R_4无效
检查Q_1、Q_2是否击穿或短路
良好
击穿
检查Q_3内部是否断开
更换管子
正常
断开
检查DW是否开路
更换管子
断开
良好
更换DW
检查R_1，R_2，R_3分压取样电路，重点检查R_1, R_4是否断开

附表 19.3

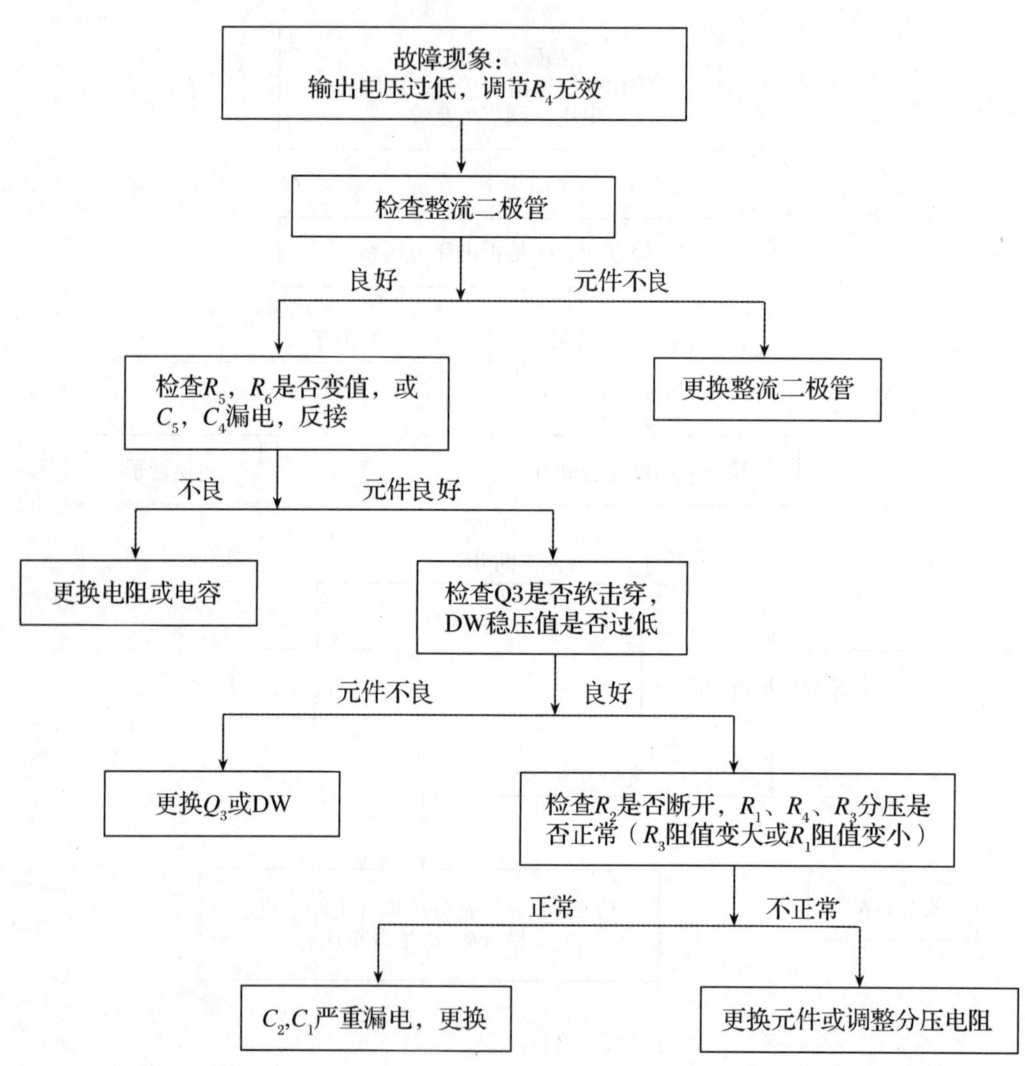
故障现象：
输出电压过低，调节R_4无效
检查整流二极管
良好
元件不良
检查R_5，R_6是否变值，或
C_5，C_4漏电，反接
更换整流二极管
不良
元件良好
更换电阻或电容
检查Q3是否软击穿，
DW稳压值是否过低
元件不良
良好
更换Q_3或DW
检查R_2是否断开，R_1、R_4、R_3分压是
否正常（R_3阻值变大或R_1阻值变小）
正常
不正常
C_2,C_1严重漏电，更换
更换元件或调整分压电阻

附表 19.4

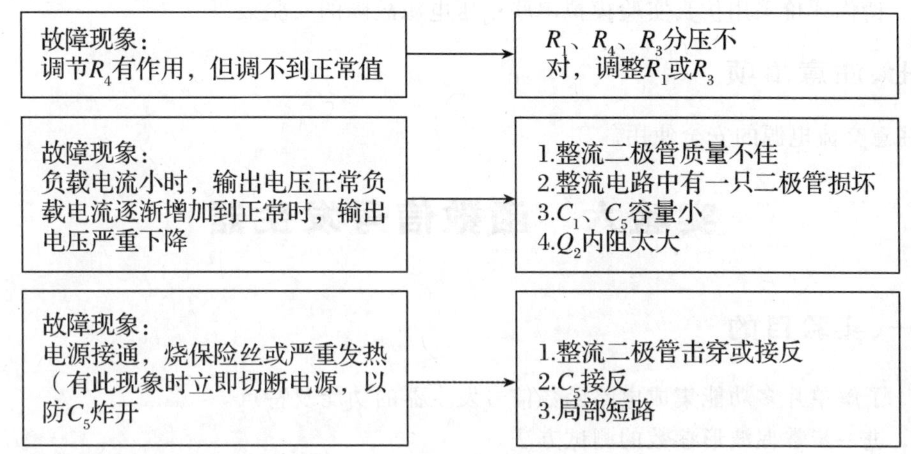

主要元器件质量与稳压器故障对照表

<table>
<tr><th colspan="2">整流二极管</th><th colspan="2">调整管 Q_2</th><th colspan="2">放大管 Q_1</th><th colspan="2">比较放大管 Q_3</th></tr>
<tr><td>一只或一组损坏</td><td>无负载时，输出正常，有载时输出电压跌落</td><td>击穿</td><td>输出电压高，且不可调</td><td>击穿</td><td>输出电压高，且不可调</td><td>击穿</td><td>输出电压低，且不可调</td></tr>
<tr><td>二组均损坏</td><td>无输出电</td><td>内部断开</td><td>无输出电压</td><td>内部断开</td><td>无输出电压</td><td>内部断开</td><td>输出电压高，且不可调</td></tr>
</table>

<table>
<tr><th colspan="2">电容 C_5</th><th colspan="2">电容 C_4，C_3</th><th colspan="2">R_1 R_4 R_3 分压电路</th><th colspan="2">DW</th></tr>
<tr><td rowspan="2">容量不足或漏电</td><td rowspan="2">输出电压低，纹波大</td><td rowspan="3">容量不足或漏电</td><td rowspan="3">输出电压低或无输出，纹波系数大</td><td>分压不对</td><td>输出电压调不到正常值</td><td>断开</td><td>输出电压高，且不可调</td></tr>
<tr><td>R_1，R_4断开</td><td>输出电压高，且不可调</td><td>内部短路</td><td>输出电压低，且不可调</td></tr>
<tr><td>耐压不足</td><td>电容发热，整流部分发热</td><td>R_3，R_4断开</td><td>输出电压低，且不可调</td><td>R_2与DW未通</td><td>输出电压低，且不可调</td></tr>
</table>

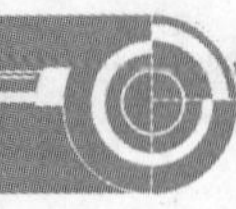

六、实验报告

1. 记录实验数据，分析实验结果。
2. 请你评价采用仿真实验模拟串联稳压电源故障的实验效果。

七、注意事项

注意交流电源的安全使用。

实验六　函数信号发生器

一、实验目的

1. 了解单片多功能集成电路函数信号发生器的功能及特点。
2. 进一步掌握波形参数的测试方法。

二、实验原理

1. ICL8038 是单片集成函数信号发生器，它由恒流源 I_1 和 I_2、电压比较器 A 和 B、触发器、缓冲器和三角波变正弦波电路等组成。其内部结构如图 2-6-1 所示。

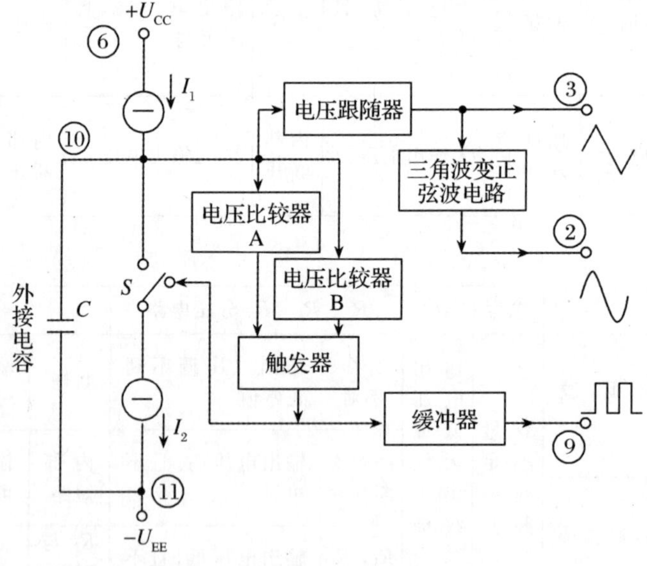

图 2-6-1　ICL8038 原理框图

图中外接电容 C 由两个恒流源充电和放电，电压比较器 A、B 的阈值分别为电源电压（指 $U_{CC}+U_{EE}$）的 2/3 和 1/3。恒流源 I_1 和 I_2 的大小可通过外接电阻调节，但必须保

证 $I_2 > I_1$。当触发器的输出为低电平时，恒流源 I_2 断开，恒流源 I_1 给 C 充电，它的两端电压 U_C 随时间线性上升，当 U_C 达到电源电压的 2/3 时，电压比较器 A 的输出电压发生跳变，使触发器输出由低电平变为高电平，恒流源 I_2 接通，由于 $I_2 > I_1$（设 $I_2 = 2I_1$），恒流源 I_2 将电流 $2I_1$ 加到 C 上反充电，相当于 C 由一个净电流 I 放电，C 两端的电压 U_C 又转为直线下降。当它下降到电源电压的 1/3 时，电压比较器 B 的输出电压发生跳变，使触发器的输出由高电平跳变为原来的低电平，恒流源 I_2 断开，I_1 再给 C 充电，…如此周而复始，产生振荡。若调整电路，使 $I_2 = 2I_1$，则触发器输出为方波，经反相缓冲器由管脚⑨输出方波信号。C 上的电压 U_C，上升与下降时间相等，为三角波，经电压跟随器从管脚③输出三角波信号。将三角波变成正弦波是经过一个非线性的变换网络（正弦波变换器）而得以实现，在这个非线性网络中，当三角波电位向两端顶点摆动时，网络提供的交流通路阻抗会减小，这样就使三角波的两端变为平滑的正弦波，从管脚②输出。改变电容充放电电流，可以输出占空比可调的矩形波和锯齿波。但是，当输出不是方波时，输出也得不到正弦波了。ICL8038 管脚功能如图 2-6-2 所示。

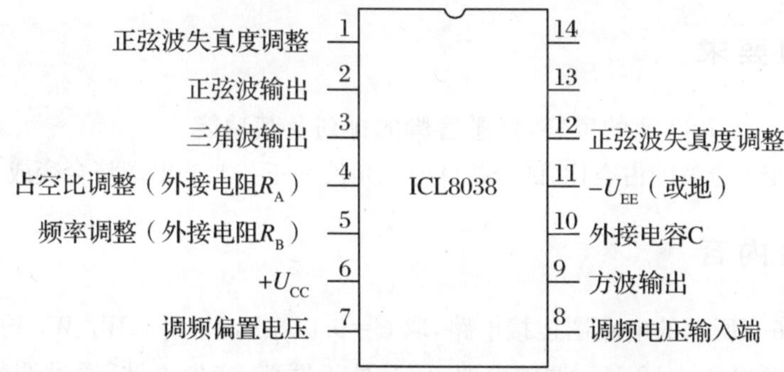

图 2-6-2 ICL8038 管脚功能

采用单电源时，电压为 10～30 V，双电源时，电压为±5 V～±15 V。实验电路如图 2-6-3 所示。

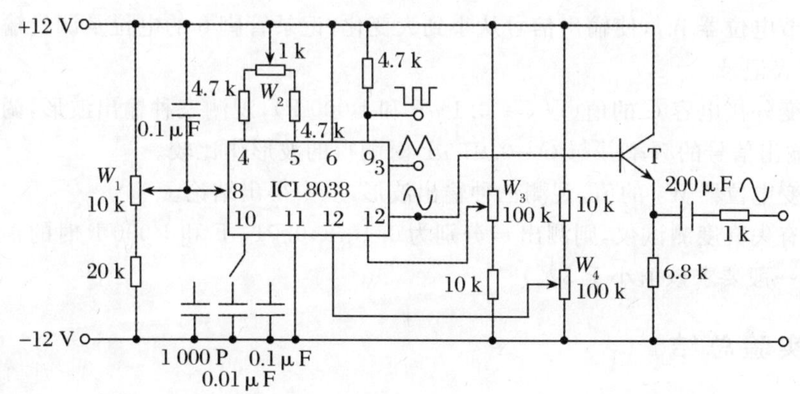

图 2-6-3 ICL8038 实验电路图

电路中，ICL8038 的 9、3、2 端分别输出三角波或锯齿波、正弦波、方波或矩形波电压。调节电位器 W_2 可以改变方波的占空比、锯齿波的上升时间和下降时间；调节电位器 W_1 可以改变输出信号的频率；调节电位器 W_3 和 W_4 可以调节正弦波的失真度，两者要反复调整才可得到失真度较小的正弦波；改变充放电电容 C 的容量大小也可以改变输出信号的频率，根据不同的设计要求可将其分为数挡(如 100 pF、0.01 μF、1 μF 和 10 μF)的功能，然后利用开关进行切换即可；在 ICL8038 的输出端可接由运算放大器构成的比例放大器，其输入端通过开关分别切换的 ICL8038 的 9、3、2 脚，可实现不同输出信号的增益调整。

三、实验器材

1. 直流稳压电源；2. 函数信号发生器；3. 示波器；4. 数字万用表；5. 数字毫伏表；6. 实验电路板和连接导线；7. 计算机及其仿真软件；8. 频率计；9. ICL8038；10. 晶体三极管 3DG12×1(或 9013)、电位器、电阻器、电容器等。

四、预习要求

1. 查阅有关 ICL8038 的资料，熟悉管脚的排列及其功能。

2. 如果改变了方波的占空比，试分析此时三角波和正弦波输出端将会变成怎样的波形。

五、实验内容

1. 按图 2-6-3 所示的电路图连接电路，取 $C=0.01$ μF，W_1、W_2、W_3、W_4 均置中间位置。

2. 加上电源电压±12 V。调整电路，使其处于振荡，产生方波，通过调整电位器 W_2，使方波的占空比达到 50%。

3. 保持方波的占空比为 50%不变，用示波器观测 8038 正弦波输出端的波形，反复调整 W_3、W_4，使正弦波不产生明显的失真。

4. 调节电位器 W_1，使输出信号从小到大变化，记录管脚 8 的电位及测量输出正弦波的频率，列表记录。

5. 改变外接电容 C 的值(取 $C=0.1$ μF 和 1 000 P)，观测三种输出波形，调整相应电位器校正输出信号的频率并与 $C=0.01$ μF 时测得的波形作比较。

6. 改变电位器 W_2 的值，观测三种输出波形，从中得出结论。

7. 如有失真度测试仪，则测出 C 分别为 0.1 μF，0.01 μF 和 1 000 P 时的正弦波失真系数 r 值(一般要求该值小于 3%)。

六、实验总结

1. 分别画出 $C=0.1$ μF，$C=0.01$ μF，1 000 P 时所观测到的方波，三角波和正弦波的波形图，总结结论。

2. 列表整理 C 取不同值时三种波形的频率和幅值。

3. 组装、调整函数信号发生器的心得、体会。

4. 列表说明各可调电位器的作用。

七、注意事项

ICL8038 作为函数信号源结合外围电路产生占空比和幅度可调的正弦波、方波、三角波；该函数信号发生器的频率可调范围为 1.100 kHz，步进为 0.1 kHz，波形稳定，无明显失真。切勿将±12 V 电源接反，有时信号源没有波形主要是频率调节与幅度调节的电位器调节不当的缘故。由于此信号源上限频率和所调小信号幅度有限，故在定量分析实验时用外置信号源。

实验七　开关电源

一、实验目的

1. 熟悉开关电源的工作原理和开关电源比较常见的几种电路类型。

2. 掌握开关电源的调试方法，加深对开关电源在实际应用中的认识。

3. 了解开关电源常见故障维修方法。

二、实验原理

220 V 交流电压经滤波后整流得到约 300 V(典型值)的脉动直流电压，此电压经过开关变压器初级线圈后加在开关管集电极(或源极)，在 PWM 控制器(UC3842B)输出的开关脉冲作用下，开关管会处于高频的开关状态，实现将直流电转换成高频的脉冲交流电，通过开关变压器将初级线圈的能量耦合至次级，合理安排开关变压器次级的匝数比，可以得到相应脉冲交流电压输出，经过二次整流滤波后输出显示器所需要的直流电压。为得到稳定的输出电压，PWM 控制器需要从输出端反馈一个误差电压作为参考，当输出电压方式变化时，反馈电压也会随之变化，此电压被 PWM 控制器侦测后调整开关脉冲占空比，修正输出电压。PWM 控制器具有外部时钟同步功能，为保证显示器工作的稳定性，要求开关电源的频率应和行振荡频率同步。开关电源采用 UC3842 的电源 PWM 控制芯片，此芯片可完成误差放大、电流比较、基准电压产生、脉冲调宽的功能，振荡频率能和外接的 RC 振荡器或输入频率同步。只需外接少数电路即可正常工作，广泛应用于 CRT 和 LCD 显示器的各种开关电源中。反馈电压若取自开关变压器二次侧，由于开关电源的一次侧(热地)和二次侧(冷地)不共地，需要通过光藕隔离耦合，这样既可以将二次侧的输出电压耦合到一次侧，又可以将彼此隔离。相应的原理框图如图 2-7-1 所示。

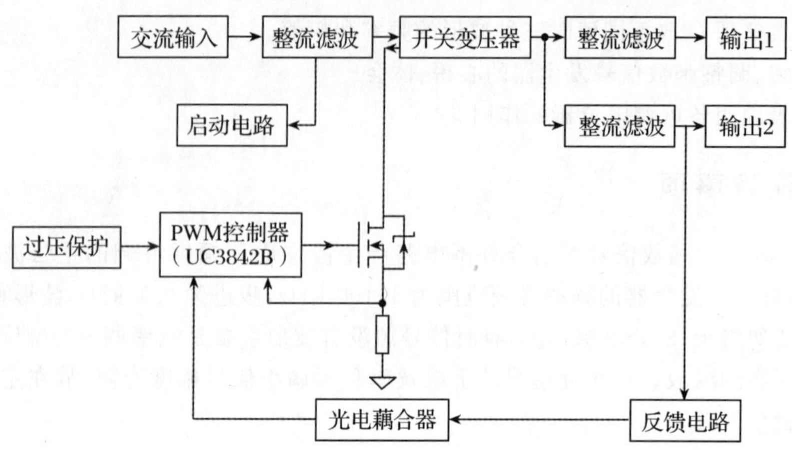

图 2-7-1　变压器耦合型开关电源原理框图

开关电源比较常见的几种类型：

(一)按开关管与负载的连接方式分类，开关电源可分为串联型、并联型和变压器耦合(并联)型 3 种类型。

1. 串联型开关电源特点是开关调整管 VT 与负载 R_L 串联。因此，开关管和续流二极管的耐压要求较低。滤波电容在开关管导通和截止时均有电流，滤波性能好；输出的纹波系数小；要求储能电感铁心截面积也较小。缺点为：输出直流电压与电网电压之间没有隔离变压器，即所谓"热地"，不够安全；若开关管内部短路，则全部输入电压直接加到负载上，会引起负载过压或过流，损坏元件。因此输出端需加稳压管来保护，如图 2-7-2 所示。

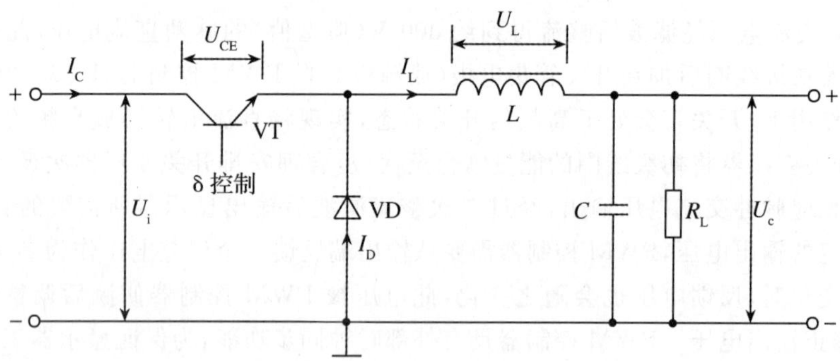

图 2-7-2　开关电源基本电路

2. 并联型开关电源工作波形与串联电路基本相同，因开关管 VT 与负载 R_L 并联而称为并联型。二极管 V_D 通常称为脉冲整流管，C 为滤波电容。当开关管基极输入开关控制脉冲时，开关管周期性地导通与截止。当开关管饱和导通时，输入电压 U_i 加在储能电感 L 两端。此时电感中的电流线性上升，二极管 V_D 反偏而截止，电感 L 储存能量，此时负载 R_L 所需的电流由前一段时间电容上所充的电压供给。当开关管截止时，V_D 导

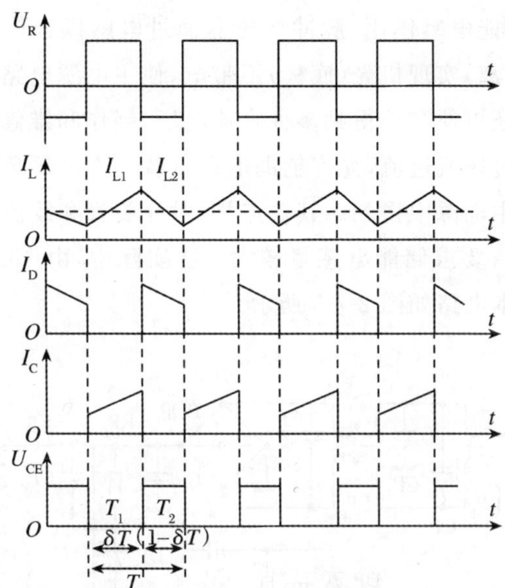

图 2-7-3 开关电源工作波形

通，通过电感上的电流线性下降，感应电压为左负右正，输入电压 U_i 和电感 L 上的感应电压同极性串联，电源输入 U_i 和电感 L 所释放的能量同时给负载 R_L 提供电流，并向电容 C 充电。同样，达到动态平衡时，电感 L 在开关管饱和时增加的电流量（能量）与开关管截止时减小的电流量（能量）相等，即电感上能量保持一个恒量，因此

$$(U_i/L)T_1=(U_O-U_i)T_2/L;$$

所以 $U_O=U_i/(1-\delta)$

并联型开关电源基本电路如图 2-7-4 所示。

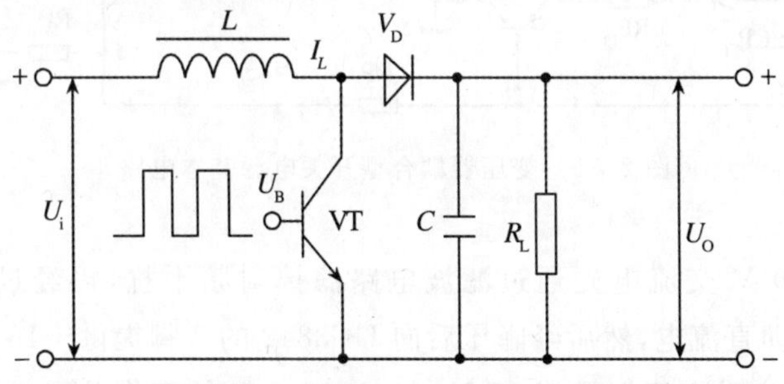

图 2-7-4 并联型开关电源基本电路

并联型开关电源属于升压型电源，开关管所承受的最大反向电压 Uce max$=U_O(>U_i)$。而串联型开关电源属降压型电源，开关管所承受的最大反向电压 Uce max$=U_i$。

3. 脉冲变压器耦合（并联）型开关电源的开关器件可以是双极型晶体管，也可以是场效应管，T 为开关（脉冲）变压器，V_D 为脉冲整流二极管，C 为滤波电容，R_L 为负载。脉冲变压器的初级绕组起储能电感作用，脉冲变压器通过电感耦合传输能量，可使输入端与稳压输出端之间互相隔离，实现机壳(底板)不带电，使主电源电路与交流电网隔离，即所谓“冷底盘”电路；同时还可便利地得到多种直流电压，制作和维修都方便；若开关管内部短路，不会引起负载的过压或过流，允许辅助电源负载与主电源负载无关；即不接主电源负载，辅助电源仍可从主电源中得到。其缺点是：对开关管和续流二极管的耐压要求高；输出电压纹波系数较高；要求储能电感量较大。在实际中，由 UC3842 构成的开关电源电路使用最为广泛，基本电路如图 2-7-5 所示。

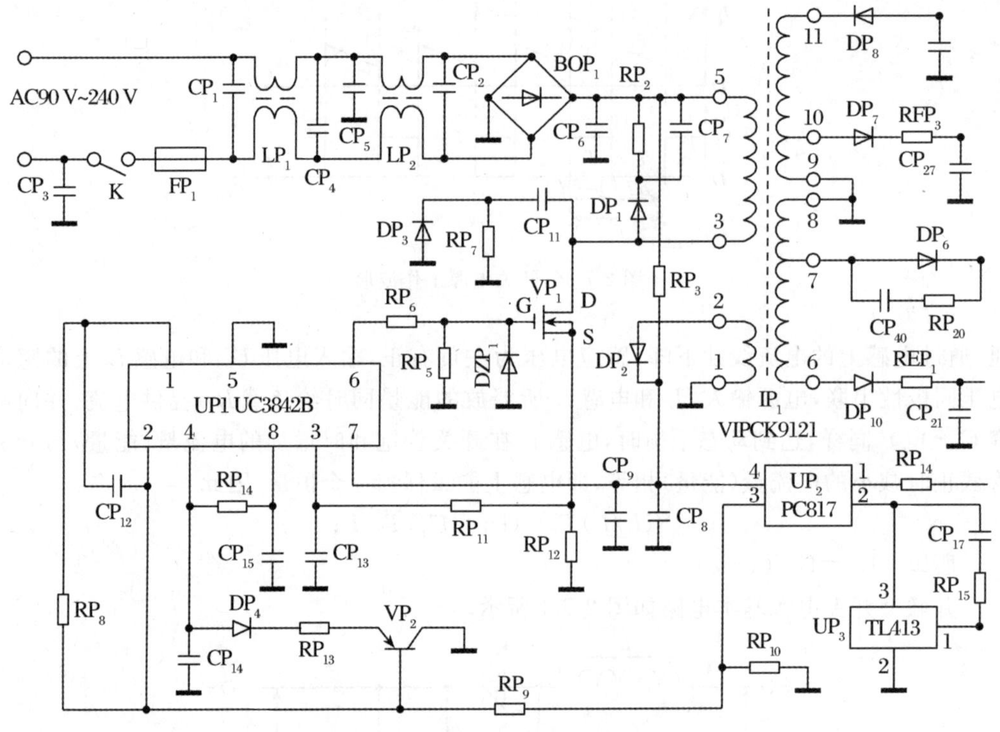

图 2-7-5 变压器耦合型开关电源基本电路

刚开机时，220 V 交流电先通过滤波电路滤掉射频干扰，再经过整流滤波获得约＋300 V左右的脉动直流电，然后经降压后向 UC3842 的 7 脚提供＋16 V 启动电压，当电压达到 UC3842 的启动电压门槛值 16 V 时，UC3842 开始工作并提供驱动脉冲，由 6 端输出推动开关管工作，输出信号为高低电压脉冲。高电压脉冲期间，场效应管导通，电流通过变压器原边，同时把能量储存在变压器中。根据同名端标识情况，此时变压器各路副边没有能量输出。当 6 脚输出的高电平脉冲结束时，场效应管截止，根据楞次定律，变压器原边为维持电流不变，产生下正上负的感生电动势，此时副边各路二极管导通，向外提供能量。同时反馈线圈向 UC3842 供电。UC3842 内部设有欠压锁定电路，其开启和关闭阈值分别为 16V 和 10V。在开启之前，UC3842 消耗的电流在 1 mA 以内。电源电压接通之后，当 7 脚电压升至 16V 时，UC3842 正常工作后，它的消耗电流约为 15 mA。

为保证开关电源输出直流电压不受干扰，电路中提供了稳压电路。一是采用 NMOS 管源极串接电阻，把电流信号变为电压信号，送入 UC3842 作为比较电压，控制激励脉冲的占空比，达到稳压目的。二是变压器 T 中的线圈 N_2 间接采样，起到电压反馈作用，N_2 间接采样后，经过整流、取样，该电压送到 UC3842 的 2 管脚加到误差放大器 A_3 的反相输入端，另一方面直接送到 UC3842 的 7 管脚，作为芯片供电电压。电路刚启动时由输入电压经整流滤波降压给芯片供电，工作后由反馈电压供电，因而 UC3842 的电源电压反映了输出电压的变化，起到反馈作用，使输出电压稳定。三是在 UC3842 中，锯齿波发生器输出锯齿波的斜率还与输入电压有关，当输入电压升高时锯齿波斜率增大，使输出激励脉冲占空比减小，从而使输出电压维持稳定，反之亦然，实际上相当于反馈控制。UC3842 引脚图如图 2-7-6 所示。

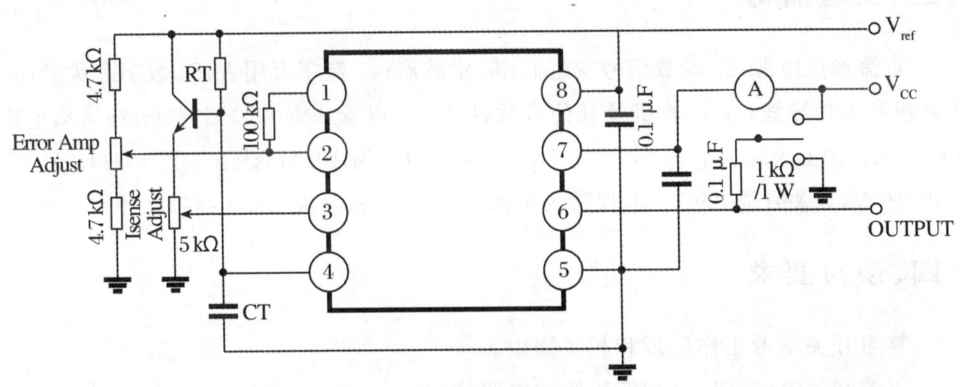

图 2-7-6　UC3842 引脚图

引脚功能介绍：1 脚是误差放大器的输出端，外接阻容元件用于改善误差放大器的增益和频率特性；2 脚是反馈电压输入端，此脚电压与误差放大器同相端的 2.5 V 基准电压进行比较，产生误差电压，从而控制脉冲宽度；3 脚为电流检测输入端，当检测电压超过 1 V 时缩小脉冲宽度使电源处于间歇工作状态；4 脚为定时端，内部振荡器的工作频率由外接的阻容时间常数决定，$f=1.8/(R_T \times C_T)$；5 脚为公共地端；6 脚为推挽输出端，内部为图腾柱式，上升、下降时间仅为 50 ns 驱动能力为±1 A；7 脚是直流电源供电端，具有欠、过压锁定功能，芯片功耗为 15 mW；8 脚为 5 V 基准电压输出端，有 50 mA 的负载能力。

变压器型开关电源一般均为降压输出。如果将脉冲变压器的初、次级匝数比为 n:1 的理想变压器，把次级参数等效至初级，开关电源中开关管所承受的最大脉冲电压为 $U_{ce\,max}=U_i+nU_O$

（二）自激式和他激式开关电源

按开关器件的激励方式，可分为自激式和他激式开关电源。

自激式开关电源不需专设振荡电路，用开关调整管兼做振荡管，只需设置正反馈电路使电路起振工作，因而电路比较简单。

他激式开关电源需专设振荡器和启动电路，电路结构比较复杂。

（三）脉冲宽度调制式和脉冲频率调制式开关稳压电源

开关稳压电源的输出与开关管的导通时间有关，即决定于开关脉冲的占空比 δ，稳压控制也就是通过调制开关脉冲的占空比来实现的，控制方式有脉冲宽度调制（PWM）和脉冲频率调制（PFM）两种。脉冲宽度控制（调宽）式开关电源稳压电路在通过改变开关脉冲宽度（控制开关管导通时间）来稳定输出电压的过程中，开关管的工作频率不改变。脉冲频率控制（调频）式开关电源在稳压控制过程中，改变开关脉冲的占空比的同时，开关管的工作频率也随着发生变化，又称为调频一调宽式稳压电源。

三、实验器材

1. 直流稳压电源；2. 函数信号发生器；3. 示波器；4. 数字万用表；5. 数字毫伏表；6. 实验电路板和连接导线；7. 计算机及其仿真软件；8. 二极管 1N4007×5、1N5129×2、电阻为 680 k、62 k、510 Ω、12 Ω、电容器 C_1 为 1 μF/400 V、C_2 为 102/1 kV、C_3 为 103/1 kV、C_4 为 470 μF/16 V、开关管为 2SC1303、保险为 1 A/250 V、变压器为 EE18 高频脉冲变压器。

四、预习要求

1. 复习开关电源工作原理和相关知识。
2. 了解开关电源高压侧和低压侧的电路构成。
3. 了解开关电源各电路的功能。
4. 分析开关电源的主电路、控制电路、检测电路、辅助电源四大部份如果发生故障，可能出现的现象。

五、实验内容

按图 2-7-7 连接好电路，检查无误后，进行下列实验。实验电路如图 2-7-7 所示。

1. 全波整流后电压的测量

将 220 V/50 HZ 电源接入，打开电源，然后将万用表直流电压 500 V 或 1 000 V 挡接入 C_1 两端测定其电压。

2. 开关管 C 极波形的观察

将脉冲示波器探头接入 Q_1 的 C 极，此时示波器 Y 轴、X 轴应在适当值上。观察并描出波形。

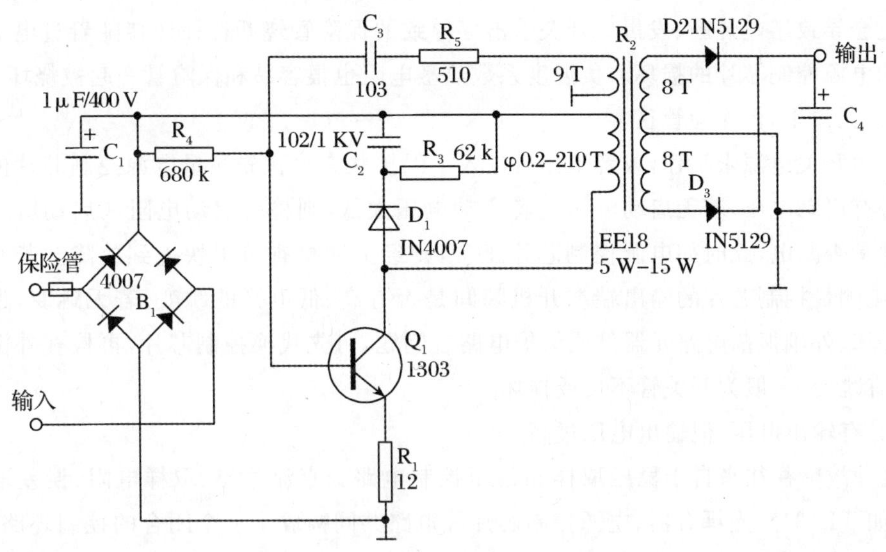

图 2-7-7　开关电源实验电路

3. 保护电路的研究

将 Q_1 控制极外接一个触发信号，使其导通，观察有无稳压输出电压值。

4. 调整 C_3 和 R_5，使振荡频率在 30～45 kHZ。

六、实验报告

1. 对于典型的开关电源进行剖析，并分析结构、类型和工作原理。

2. 完成实验数据的整理。

3. 写出开关电源的主电路、控制电路、检测电路、辅助电源各部分的构成元件。

七、注意事项

1. 如果无输出，检查保险管完好无损，没有变色，也没有异味，说明电源不存在短路故障，故障是电源输入不良造成的，应检查保险管、电源线，重点检查电源开关管的启动电阻和开关管本身等。

2. 保险管断开，无变色，无异味产生。说明电源可能有不很严重的短路故障，应该是整流桥中的两个整流二极管被击穿。

3. 保险管断开，且发黑，并有异味产生。说明电源有严重的短路故障，可能是电源开关变压器初级线圈前的电路故障，更可能是开关管的集电极与发射极间被击穿。

4. 常见故障判断

(1)保险管烧断

主要检查 300 V 上的大滤波电容、整流桥各二极管及开关管等部位，抗干扰电路出

问题也会导致熔丝烧断、发黑。开关管击穿导致的保险管烧断往往还伴随着过电流检测电阻和电源控制芯片的损坏。负温度系数热敏电阻也很容易和保险管一起被烧坏。

(2)无输出,但保险管正常

说明开关电源未工作,或者工作后进入了保护状态。首先测量电源控制芯片的启动脚是否有启动电压,若无启动电压或者启动电压太低,则检查启动电阻和启动脚外接的元器件是否漏电,此时如电源控制芯片正常,则经上述检查可很快查到故障。若有启动电压,则测量控制芯片的输出端在开机瞬间是否有高、低电平的跳变,若无跳变,说明控制芯片坏、外围振荡电路元器件或保护电路有问题,可先代换控制芯片,再检查外围元器件;若有跳变,一般为开关管不良或损坏。

(3)有输出电压,但输出电压过高

这种故障往往来自于稳压取样和稳压控制电路。直流输出、取样电阻、误差取样放大器(如 TL431)、光耦合器、电源控制芯片等电路共同构成了一个闭合的控制环路,任何一处出问题都会导致输出电压升高。对于有过电压保护电路的电源,输出电压过高首先会使过电压保护电路动作,此时,可断开过电压保护电路,使过电压保护电路不起作用,测量开机瞬间的电源主电压。如果测量值比正常值高出 4 V 以上,说明输出电压过高。实际维修中,以取样电阻变值、精密稳压放大器或光耦合器不良为常见。

(4)输出电压过低

除稳压控制电路会引起输出电压过低外,还有一些原因会引起输出电压过低,主要可能是开关电源负载有短路故障(特别是 DC/DC 变换器短路或性能不良等)。应断开开关电源电路的所有负载,以区分是开关电源电路还是负载电路有故障。若断开负载电路电压输出正常,说明是负载过重;若仍不正常,说明开关电源电路有故障。输出电压端整流二极管、滤波电容失效等,可以通过代换法进行判断。开关管的性能下降,必然导致开关管不能正常导通,使电源的内阻增加,带负载能力下降。开关变压器不良,不但造成输出电压下降,还会造成开关管激励不足从而屡损开关管。300 V 滤波电容不良,造成电源带负载能力差,一接负载输出电压便下降。

实验八 简易模拟乘法器

一、实验目的

1. 体会从理论计算到实际应用过程中通过近似所产生的美感。
2. 正确面对不恰当的近似等于谬误这一客观事实,从而养成关注电路应用范围的习惯。
3. 学习电路的数据测试与数据研究方法。

二、实验原理

模拟乘法器可以用多种方法实现，本实验按以下方案进行。

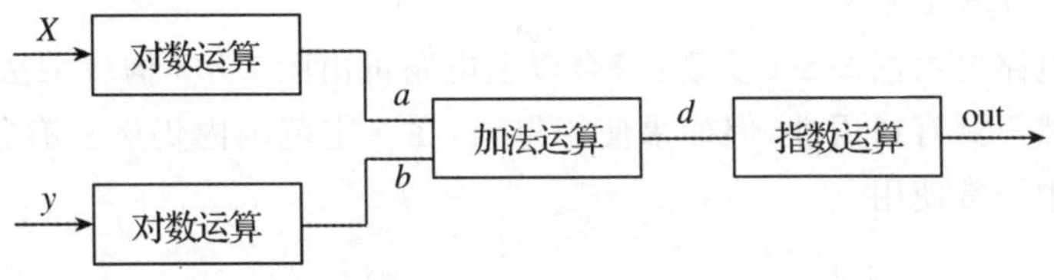

图 2-8-1　乘法器原理图

$$a=\ln X \qquad b=\ln Y$$
$$d=a+b=\ln X+\ln Y=\ln(XY)$$
$$\text{out}=e^{d}=e^{\ln(XY)}=XY$$

通过对图 2-8-1 电路框架的计算可知，此电路框架能完成乘法功能，经过某种近似，图 2-8-2 可以实现对数运算功能。

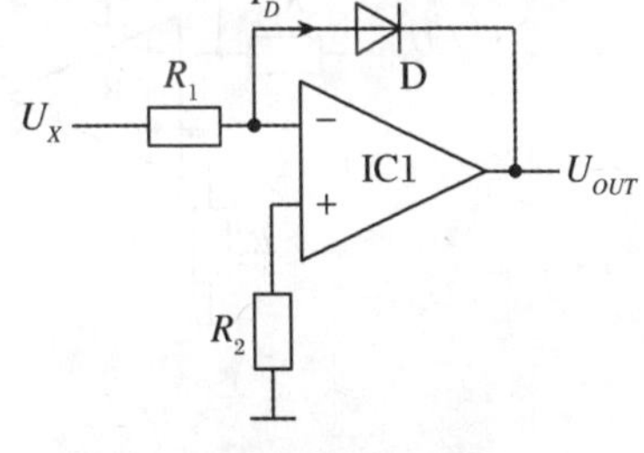

图 2-8-2　对数运算电路

由运放的“虚短”和“虚断”知识点得 $I_D=\frac{U_X}{R_1}$

由基尔霍夫电压定律得 $U_D=-U_{\text{OUT}}$

由二极管方程得 $I_D=I_S(e^{\frac{U_D}{26\text{mV}}}-1)=I_S(e^{-\frac{U_{\text{OUT}}}{26\text{mV}}}-1)\approx I_S e^{-\frac{U_{\text{OUT}}}{26\text{mV}}}$

即 $I_D=\frac{U_X}{R_1}\approx I_S e^{-\frac{U_{OUT}}{26\text{mV}}}$，所以 $U_{OUT}=-26(\text{mV})\ln\frac{U_X}{R_1 I_S}$

指数运算电路可由图 2-8-3 实现，可模仿上述的运算方法来计算输入和输出之间的关系。

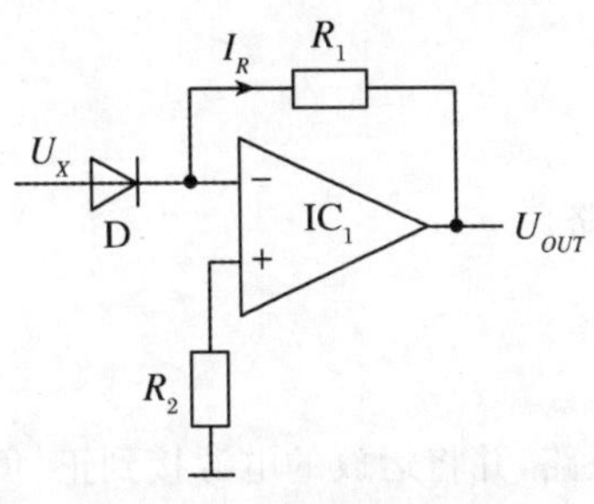

图 2-8-3　指数运算电路

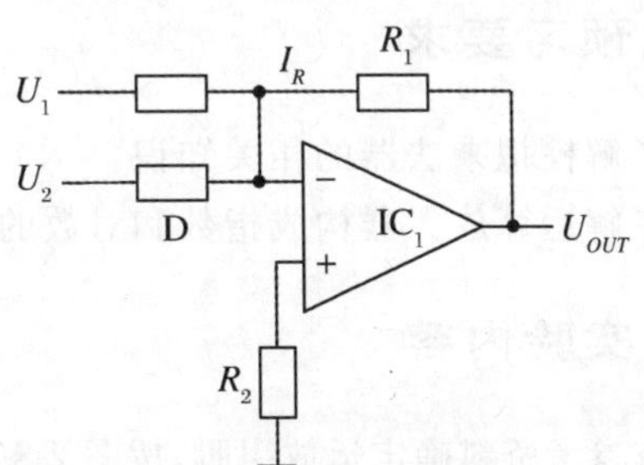

图 2-8-4　乘法运算电路

由运放的“虚短”和“虚断”及基尔霍夫电压定律得

$$U_X = -U_D, I_R R_1 = -U_{OUT}, I_D = I_R$$

由 $I_D = I_R = -\frac{U_{OUT}}{R_1} = I_S(e^{\frac{U_D}{26mV}} - 1) = I_S(e^{-\frac{U_X}{26mV}} - 1) \approx I_S e^{-\frac{U_X}{26mV}}$

得 $U_{OUT} \approx -I_S R_1 e^{-\frac{U_X}{26mV}}$

加法运算电路可由图 2-8-4 实现，综合以上电路可由图 2-8-5 构成乘法器。本实验所作的乘法器虽然不具有通用性，但如果使用得当，在一定范围内仍然具有很高的精度，在照相机等电路中经常使用。

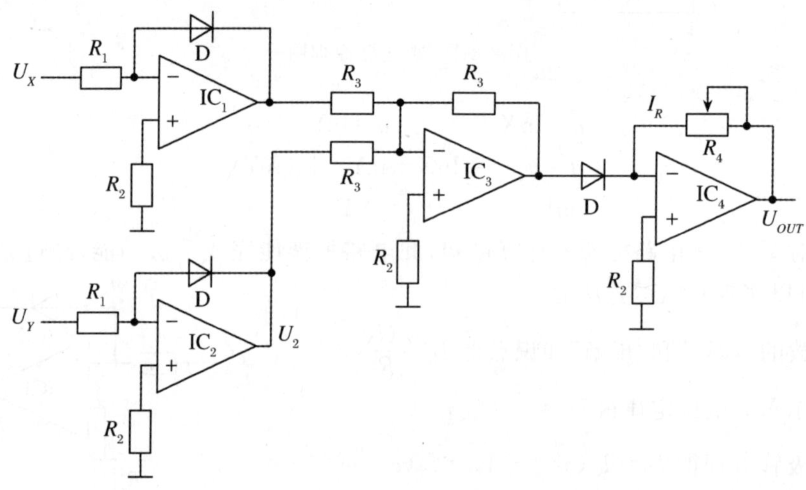

图 2-8-5　乘法运算电路

三、实验器材

1. 直流稳压电源；2. 函数信号发生器；3. 示波器；4. 数字万用表；5. 数字毫伏表；6. 实验电路板和连接导线；7. 计算机及其仿真软件。

四、预习要求

1. 了解模拟乘法器的相关知识。
2. 了解运算放大器构成指数和对数的应用电路。

五、实验内容

1. 查参考资料确定运放引脚，按图 2-8-5 连接电路，并将运放的电源接到正、负 12 V。

2. 已知 $R_2 = 100\ k\Omega$，$R_3 = 10\ k\Omega$，且 U_X 与 U_Y 在 1V 左右变化，请试探着确定一个 R_1 的阻值，用一个 1V 的电源同时连接 U_X 与 U_Y 在，调节 R_4，使 $U_{OUT} = 1$，从而完成一乘以一等于一的运算。

3. 自行设计一个矩阵块的表格，在 U_X 与 U_Y 取不同值的时候将 U_{OUT} 的数据填入矩阵块，观察 U_X 与 U_Y 的各个取值所得的 U_{OUT} 在哪个范围内能满足乘法运算，从而修正 R_1 的阻值，再重复上述过程，看是否有所改善，从而体会 R_1 的修正方向。

六、实验报告

1. 简述图 2-8-5 电路的工作原理。
2. 至少填写 R_1 的不同取值所对应的两个矩阵表格从而进行比较。
3. 分析一些数据发生严重错误的原因，并说明能否通过电路修正。

七、思考题

1. 本实验所作的乘法器输入端的电压范围是多少？
2. 能否将这种乘法器用于信号的幅度调制？

第三章 Multisim 9.0 及仿真实验实例

第一节 概述

模拟电路课程是自动化、通讯工程、电子信息工程、计算机科学与技术和网络工程等许多专业的重要的专业基础课程，具有概念多、公式多、定量计算多、图形多、宏观现象的微观分析多和实践性强的特点，教与学难度较大。其实验环节不仅是培养学生基本实验技能、动脑分析和动手解决实际问题能力的重要手段，更是培养学生创新意识和创新能力的必要手段。电子技术的计算机仿真技术的产生和迅猛发展，为辅助学生学习该课程提供了前所未有的条件。

Multisim 9.0 电子电路仿真软件是美国国家仪器公司(National Instrument，简称NI公司)于2006年首次推出，它不仅沿袭了EWB在界面、元件调用方式、电路搭建、电路基本分析方法等优良传统，而且软件的内容和功能都得到了丰富和增强。在元件库中增加了单片机和三维先进的外围设备，在仿真仪器中增加了4台LabVIEW采样仪器：麦克风、播放器、信号发生器和信号分析仪。本文主要以Multisim 9.0的汉化版仿真软件为实验平台，并结合具体模拟电路仿真实验实例介绍仿真软件的功能和仿真实验的方法。

Multisim 9.0 仿真软件不仅提供了丰富的电子元器件、电路分析手段和实验仪器，而且电子元器件参数(晶体管的结电容、电流放大系数、穿透电流、饱和电流、工作温度等)可以根据实验研究的需要设置，这些都大大拓展了仿真实验研究内容的广度和深度，能完成一些在实物实验中不易做的研究内容，如：耦合电容漏电，三极管极间漏电，结电容改变等对电路工作状态的影响，直流差动放大器抑制零点漂移作用，互补对称功率放大器温度补偿作用，还有高频、高压、调幅、调频等等。利用计算机的人机交互、图形动画、高速运算、海量存储以及仿真仪器具有的数字化、智能化功能，仿真实验能把复杂事物简化，变抽象为具体，微观的事物放大，宏观事物缩小，动态地演示一些电路工作现象，打破时空限制。又由于仿真实验不用担心元器件、实验仪器的损坏，因此，极大地解放了学生的思想，有利于学生的个性化学习和探究性学习。基于计算机仿真技术的实验是实验者自然地与虚拟环境中的对象(电子元器件、实验仪器等)进行交互作用，实验者是从虚拟空间的内部向外观察，而不是作为一个旁观者由外向内观察，从而产生亲临真实环境的感受和体验，使人机交互更加自然、和谐。基于此，仿真实验在辅助实验教学中得到越来越广泛地应用。仿真实验不仅仅是对实物实验的有力补充，更是对传统实验教学模式、方法、手段和观念的变革。

目前在电子类课程的实验教学中，实物实验的不足和仿真实验的优势主要有以下几点：

1. 实物实验的不足

(1)实验受到时间、地点、内容、人员等限制。

(2)实验受到电子元器件和仪器设备的限制。

(3)实验消耗大、效率低、误差较大。

2. 仿真实验的优势

(1)界面直观、生动，操作方便、易学易用。

(2)电子元器件丰富，仿真手段符合实际，实验仪器齐全。

(3)实验效率高、精度高、安全、无消耗。

(4)实验电路、数据、波形、元器件清单、电路工作状态和实验描述等都能以专用格式文件打包("电子实验报告")保存，文件包很小(一个实验几十 K)，文件可直接在仿真平台上运行。便于保存、携带、传输和交流，同时由于计算机仿真软件可上网运行，实现了远程合作实验研究。

综上所述，在实验教学中应把实物实验与仿真实验有机结合，做到扬长避短，优势互补，以促进电子类基础课程实验教学质量的提高。

第二节 Multisim 9.0 常用功能

Multisim 9.0 的基本界面如图 4-2-1 所示(注：刚打开的基本界面中无实验电路，这儿假设已打开一个实验电路文件)。如图 4-2-1 中箭头所指：在基本界面上列出了操作主菜单栏、工具栏、元器件库、虚拟元件、仿真仪器和仿真启动/停止开关。(注：以上各栏目的位置可调动)。

Multisim 9.0 的电路设计与仿真分析的所有操作，都是在它的基本界面电路工作窗口中进行的。

2.1 菜单栏

与 Windows 应用程序类似，Multisim 9.0 主菜单中提供了几乎所用的功能命令，共 11 项。每个主菜单下又有下拉菜单，在下拉菜单右侧带有黑三角的菜单项，用鼠标移至

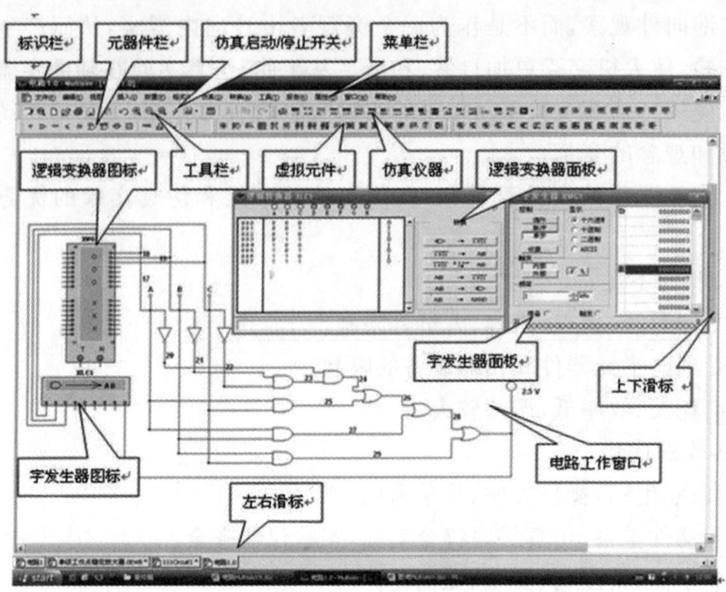

图 4-2-1 Multisim 9.0 的基本界面

该项时，还可打开子菜单。主菜单栏自左至右依次为：File（文件菜单）、Edit（编辑菜单）、View（视图菜单）、Insert（插入菜单）、Place（放置菜单）、Format（格式菜单）、Simulate（仿真菜单）、Transfer（转移菜单）、Tools（工具菜单）、Reports（报告菜单）、Attribute（属性菜单）、Window（窗口菜单）、Help（帮助菜单）。

下面重点介绍模拟电子电路实验常用菜单和元器件库。

Multisim 9.0 文件菜单的下拉菜中模拟电子电路实验常用有：New（创建新文件）、Open（打开文件）、Open Samples（打开样本文件）、Close（关闭文件）、Close All（关闭所有文件）、Save（保存文件）、Save As（另存为）、Save All（保存所有文件）、New Project（创建新项目）、Open Project（打开项目）、Save Project（保存项目）、Close Project（关闭项目）、Print（打印）、Print Preview（打印预览）、Print Options（打印选项）、Exit（退出）。

Multisim 9.0 编辑菜单的下拉菜中模拟电子电路实验常用有：Undo（撤销）、Redo（恢复）、Cut（剪切）、Copy（复制）、Paste（粘贴）、Delete（删除）、Select（选择全部）、Find（查找）。

Multisim 9.0 视图菜单的下拉菜单中模拟电子电路实验常用有：Full Screen（全屏幕）、Parent sheet（原始图片）、Zoom In（放大）、Zoom Out（缩小）、Zoom Area（缩放范围）、Zoom Fitto Page（放大到整页）、Show Grid（显示网格）、Show Border（边框）、Show Page Bounds（显示页限制）、Ruler bars（标尺栏）、Status Bar（状态栏）、Design Toolbox（设计工具箱）、Spreadsheet View（电子表查看）、Circuit Description Box（电路描述框）、Toolbars（工具栏）、Comment/Probe（注释/探针）、Grapher（图表）。

Multisim 9.0 插入菜单的下拉菜单有插入标签、插入日期、插入对象和插入询问链接等选项。

Multisim 9.0 放置菜单的下拉菜单中模拟电子电路实验常用有:Component(电路元件)、Junction(连接点)、Wire(电线)、Ladder Rungs(排线)、Bus(总线)、New Subciecuit(新子电路)、Replace by Subciecuit(取代子电路)、Text(文本)、Gra-phics(制图法)、Title Block(标题框)。

Multisim 9.0 格式菜单的下拉菜单有:插入项目编号、字体和中心对齐等选项。

Multisim 9.0 仿真菜单的下拉菜单中模拟电子电路实验常用有:Run(运行)、Pause(暂停)、Instruments(仪器)、Intera-ctive Simulation Settings(交互仿真设置)、Analyses(分析)、Probe Properties(探针属性)、Clear Instrument Data(清除仪器数据)、Global Component Tolerances(元件平均误差)。

Multisim 9.0 转移菜单的下拉菜单中模拟电子电路实验常用有:Transfer to Ultiboard(转移至 Ultiboard)、Transfer to other PCB Layout(转移至其他 PCB 设计)、Forward Annotate to Ultiboard(针对 Ultiboard 的注释)、Export Netlist(输出连线表)。

Multisim 9.0 工具菜单的下拉菜单中模拟电子电路实验常用有:Component Wizard(元件向导)、Database(数据库)、Circuit Wizards(电路向导)、Rename/Renu-mber Components(再命名元件重编号)、Replace Component(替换的元件)、Update Cir-cuit Components(电路元件更新)、Electri-cal Rules Check(电路规则检查)、Toggle NC Marker(合格证标识)、Sym-bol Editor(特性编辑)、Title Block 标题编辑)、Description Box Editor(阐述框编辑)、Edit Labels(标签编辑)、Internet Design Sharing(因特网设计共享)。

Multisim 9.0 报告菜单的下拉菜单中模拟电子电路实验常用有:Bill of Materials(材料清单)、Component Detail Report(元件细节报告)、Netlist Report(连线报告)、Cross Reference Report(交叉参考报告)、Sche-matic Statistics(统计图表)、Spare Gates Report(多余门报告)。

Multisim 9.0 属性菜单的下拉菜单中模拟电子电路实验常用有:Sheet Properties(电路图属性)、Attribute(属性)等选项。

Multisim 9.0 窗口菜单的下拉菜单中模拟电子电路实验常用有:New Window(新建窗口)、Cascade(层叠)、Tile Horizontal(水平平铺)、Tile Vertical(垂直平铺)、Close All(全部关闭)、Windows(窗口展开)。

Multisim 9.0 帮助菜单的下拉菜单中模拟电子电路实验常用有:Multisim Help(Multisim 帮助)、Component Reference(元件参考)等选项。

2.2 元器件库

Multisim 9.0 有多达十几类元器件库和上万种电子元器件。元件库有:信号源库、基本元件库、二极管库、晶体管库、模拟器件库、TTL器件库、CMOS器件库、高级外围器件库、数模混合器件库、指示器件库、杂项器件库、射频器件库和机电器件库等。

下面重点介绍本课程涉及的元器件库及其元器件。

一、电源库

单击放置电源按钮(Place Source),即可打开电源库。电源库中共有30个电源器件。主要包括:交直流电压源、交直流电流源、函数控制信号源、控制电压源、控制电流源等6个系列,还有1个接地端和1个数字电路接地端。

1. 接地端(Ground)

在电路中,"地"是一个公共参考点,电路中所有的电压都是相对于地而言的电势差。

2. 数字接地端(Digital Ground)

在进行数字电路的"Real"仿真时,为更接近于实物,Multisim 9.0电路中的数字元件要示意性接上电源和数字地。

注意:数字接地端只用于含有数字元件的电路,通常不能与任何器件相接,仅示意性地放置于电路中。要接OV电位,还是用一般接地端。

3. Vcc电压源(Vcc Voltage Source)

Vcc是数字元件直流电压源的简化符号,用于为数字元件提供电能或逻辑高电平。双击其符号,打开DigitalPower对话框可以对其数值进行设置,正和负值均可。

4. Vdd电压源(Vdd Voltage Source)

与Vcc基本相同。当为CMOS器件提供直流电源进行"Real"仿真时,只能用Vdd电源。

5. 直流电压源(DC Voltage Source (Battery))

它是一个理想直流电压源。

6. 直流电流源(DC Current Source)

它是一个理想直流电流源。

7. 正弦交流电压源(AC Voltage Source)

它是一个正弦交流电压源,显示电压的数值是其有效值(均方根值)。

8. 正弦交流电流源(AC Current Source)

它是一个正弦交流电流源,显示电流的数值是其有效值(均方根值)。

9. 时钟电压源(Clock Source)

它是一个幅度、频率及占空比均可调节的方波发生器,主要作为数字电路的时钟信号。

10. 调幅信号源(Amplitude Modulation (AM) Source)

产生受正弦波调制的调幅信号源。

11. 调频电压源(FM Voltage Source)

产生受单一频率调制的信号源,产生一个频率可调制的电压波形。

二、基本元件库

单击放置基本元件按钮(Place Basic),即可打开基本元件库。包括:基本虚拟元件、定额虚拟元件、3D 虚拟元件、电阻器、电阻排、电位器、电容器、电解电容器、可变电容器、电感器、可变电感器、开关、变压器、非线性变压器、继电器、连接器、插槽等。

1. 电阻器(Resistor)

实物电阻库中的是标称电阻。此类电阻值一般不能随便改变。除非改动模型。Multisim 9.0 中实物电阻非常精确,没有考虑误差和温度特性。

2. 虚拟电阻(Resistor Virtual)

虚拟电阻的阻值、温度特性、容差可任意设置。

3. 电容器(Capacitor)

使用情况与实物电阻器类似,没有考虑误差和耐压大小。

4. 虚拟电容(Capacitor Virtual)

使用情况与虚拟电阻类似。

5. 电解电容((CAP-Electrolit)

电解电容器是一种带极性的电容。使用时,标有"+"极性标志的端子必须接直流高电位。注意:这里电容器没有电压限制。

6. 电感(Inductor)

使用情况与实物电容相似。

7. 虚拟电感(Inductor Virtual)

使用情况与虚拟电容相似。

8. 电位器(Potentiometer)

电位器为可调节电阻器。元件符号旁显示的数值如 200 k,LIN 指两个固定端子之间的阻值,若百分比如 60%,则表示滑动点下方占总电阻值的百分比。电位器滑动臂的调整是通过按键盘上电位器表示字母实现的,直接按字母键增加百分比,按 shift+字母键减少百分比。电位器表示字母可在属性对话框中选 A 至 Z 之间的任何字母。步进量(incrcment)表示按一次字母键,滑动点下方电阻减少或增加量占总值的百分比。

9. 虚拟电位器(Virtual Potentiometer)

使用情况与实物电位器相似。

10. 可变电容(Variable Capacitor)

可变电容器设置方法类似于电位器。

11. 虚拟可变电容(Virtual Variable Capacitor)

与实物可变电容不同之处仅在于参数值是通过其属性对话框自行确定。

12. 可变电感(Variable Inductor)

可变电感器设置方法类似于电位器。

13. 虚拟可变电感(Virtual Variable Inductor)

虚拟可变电感设置方法类似于可变电容。

14. 开关(Switch)

包含5种类型的开关:

(1)电流控制开关(Current-controlled Switch):用流过开关线圈的电流大小来控制开关动作。

(2)单刀双掷开关(SPDT):通过在计算机上操作开关代号字母键控制其通断状态。

(3)单刀单掷开关(SPST):使用与设置方法与单刀双掷开关相同。

(4)时间延迟开关((TDSWI):此开关有两个控制时间,即闭合时间TON和断开时间TOF,TON不能与TOF相等,并且都必须大于零。若TON<TOF,启动仿真开关,在$0<t<$TON时间内,开关闭合;在TON$<t<$TOF时间内,开关断开;$t>$TOF时开关闭合。若TON>TOF,启动仿真开关,在$O<t<$TOF时间内,开关断开;在TOF$<t<$TON时间内,开关闭合;$t>$TON时开关断开。在开关断开状态时,视其电阻为无穷大,在开关闭合状态时,视其电阻为无穷小。TON、TOF的值在该元件属性对话框中设置。

(5)电压控制开关(Voltage-Controlled Switch):与电流控制开关类似。

15. 变压器(Transformer)

变压器的变比$N=V_1/V_2$,V_1为初级电压,V_2为次级电压,次级中心抽头的电压是V_2的一半。使用时,通常要求变压器的初次级都接地。

三、二极管库

单击放置二极管按钮(Place Diode),即可打开二极管库。包括:虚拟二极管、二极管、稳压二极管、发光二极管、二极管整流桥、肖特基二极管、晶闸管、双向晶闸管、双向三极晶闸管、变容二极管、PIN二极管等多个系列。

1. 普通二极管(Diode)

此库中存放着国外许多公司的型号产品,可直接选用。

2. 虚拟二极管(Diode Virtual)

相当于一个理想二极管,参数都是默认值(即典型数值)。可在对话框中修改模型参数。

3. 齐纳二极管(Zener Diode)

即稳压二极管,有国外各大公司的众多型号的元件供调用。

4. 发光二极管(Light-Emitting Diode)

含有多种不同颜色的发光二极管，使用时应注意以下两点：

(1)有正向电流流过时才产生可见光。

注意：红色 LED 正向压降约 1.1～1.2 V，绿色 LED 正向压降约 1.4～1.5 V。

(2)Multisim 9.0 把发光二极管归类于 Interactive Component(交互式元件)，不允许对其元件进行编辑处理。

5. 全波桥式整流器(Full-Wave Bridge Rectifier)

全波桥式整流器是使用 4 个二极管完成对输入的交流进行全波整流任务。

6. 可控硅整流器(Silicon-Controlled Rectifier)

单向可控硅整流器简称 SCR，又称固体闸流管。只有当 A、K 间正向电压大于正向转折电压并且控制极 G 有正向脉冲电流时 SCR 才导通，此时去掉控制极 G 正向脉冲电流，SCR 维持导通状态。只有当 A、K 间电压反向或小到不能维持一定电流时 SCR 才断开。

7. 双向开关二极管((DIAC)

双向开关二极管相当于两个背靠背的两个肖特基二极管并联，是依赖于双向电压的双向开关。当电压超过开关电压时，才有电流流过二极管。

8. 三端开关可控硅开关元件((TRIAL)

此元件是双向开关，电流可双向流过该元件。只要在阳极 A、阴极 K 间的双向电压大于转折电压，同时控制极 G 有正向脉冲电流流进时，可控硅导通。

9. 变容二极管(Varactor Diode)

变容二极管是一种在反偏时具有相当大的结电容的 PN 结二极管，结电容的大小受加在变容二极管两端的反偏电压大小的控制，相当于一个电压控制电容器。

四、指示器件库

单击放置指示器件按钮(Place Indicator)，即可打开指示器件库。库中包括：电压表、电流表、探针、蜂鸣器、灯泡、虚拟灯泡、数码显示管、光柱显示器等系列。

1. 电压表(Voltmeter)

它用来测量交、直流电压(由属性对话框设置)，其连线端子可根据需要左右或上下放置。

2. 电流表(Ammeter)

它用来测量交、直流电流(在属性对话框中设置)，其连线端子可根据需要左右或上下放置。

3. 探测器((Probe)

也叫逻辑笔。相当于一个LED(发光二极管),将其连接到电路中某个点,当该点电平达到高电平时便发光。

4. 蜂鸣器(Buzzer)

蜂鸣器是用计算机自带的扬声器模拟理想的压电蜂鸣器。在其端口加的电压超过设定值时,压电蜂鸣器就按设定的频率鸣响。通过属性对话框设置其参数值。

5. 灯泡((Lamp)

它的工作电压及功率不可设置,额定电压对交流而言是指其最大值。当加在灯泡上的电压大于150%额定电压值时,灯泡烧毁。对直流,灯泡发出稳定的灯光,对交流,灯泡发出一闪一闪的光。

6. 虚拟灯泡(Virtual Lamp)

虚拟灯泡相当于一个电阻元件,其工作电压及功率可在属性对话框中设置。其余与实物灯泡相同。

7. 十六进制显示器((Hex Display)

带译码器的七段数码显示器(DCD-HEX):从左到右有4条引脚线,分别对应4位二进制数的最高位到最低位,可显示0～F之间的16个数。

七段数码显示器(SEVEN-SEG-DISPLAY):显示器的每一段和引脚之间有惟一的对应关系。

五、杂项器件库

单击放置杂项器件按钮,即可打开杂项器件库。主要包括:传感器、光耦合器、石英晶体、电子管、保险丝、3端稳压模块、双向稳压二极管、升压变压器、降压变压器、升降压变压器等。

1. 晶振

在Multisim 9.0晶振箱中放置了多个不同振荡频率的实物晶振,根据需要可灵活选用。

2. 虚拟晶体(Crystal Virtual)

模型参数选取了典型值(LS=0.002 546 48,CS=9.971 8e−014,RS=6.4,CO−2.868e−011),其振荡频率为10 MHz。

3. 虚拟光耦合器(Optocoupler Virtual)

光耦合器是一种利用光信号从输入端(光电发射体)耦合到输出端(光电探测器)的器件。

4. 马达((Motor)

马达是理想直流电机的通用模型,用以仿真直流电机在串联激励、并联激励和分开激励下的特性。

5. 开关电源升降压转换器(Buck-Boost Converter)

开关电源降压转换器、升压转换器和升降压转换器都是一种求均电路模型,它模拟了 DC-DC 开关电源转换器的特性,其作用是对 DC 电压进行升压或降压转换。

6. 保险丝((Fuse)

选用注意事项:

(1)要选取适当电流大小的保险丝,太小会使电路不能工作,太大起不了保护作用。

(2)在交流电路中最大电流是电流的峰值,不是习惯上的有效值。

六、机电器件库

单击放置机电器件按钮,即可打开机电器件库。主要包括:检测开关、瞬时开关、辅助开关、同步触点、线圈和继电器、线性变压器、保护装置、输出装置等。

1. 感测开关(Sensing Switches)

此开关通过按键盘上的一个键来控制其断开或闭合,在属性对话框中完成键的设置。

2. 开关(Switch)

在键盘上按对应的开关表示符号键使开关断开或闭合后,状态在整个仿真过程中一直保持不变。

3. 接触器(Supplementary Contacts)

基本操作方法与感测开关相同。

Multisim 9.0 中有下列计时接触器:

(1)常开到时闭合。

(2)常闭到时打开。

4. 线圈与继电器(Coils,Relay)

Multisim 9.0 中有下列线圈与继电器:

(1)前向或快速起动器线圈。

(2)控制继电器。

(3)时间延迟继电器。

(4)电机起动器线圈。

(5)反向起动器线圈。

(6)慢起动器线圈。

5. 变压器(Line Transformer)

包含各种空芯类和铁芯类变压器及电感器,使用时初次级线圈都必须接地。

6. 输出设备(Output Devices)

Multisim 9.0 中输出设备有：

(1)电机。

(2)直流电机电枢。

(3)加热器。

(4)LED 指示器。

(5)发光指示器。

(6)三相电机。

七、模拟元件库

单击放置模拟器件按钮(Place Analog)，即可打开模拟器件库。其中包括：虚拟运放电路、运算放大器、诺顿运算放大器、比较器、宽带放大器、特殊功能器件等 6 个系列。

模拟元件库(Analog)共有 9 类器件，其中 4 个是虚拟器件。

1. 运算放大器(Opamp)

运算放大器元件箱有五端、七端和八端运算放大器(八端为双运放)。

2. 三端虚拟运放(Opamp3 Virtual)

三端运放是一种虚拟元件，其仿真速度比较快，但其模型没有反映运放的全部特性。

3. 诺顿运放((Norton Opamp)

诺顿放大器即电流差分放大器((CDA)，是一种基于电流的器件。它的特性与运算放大器相似。

4. 五端虚拟运放(Opamp5 Virtual)

五端运放比三端运放增加了正电源、负电源两个端子。仿真的特性包括：开环增益、输入输出阻抗、共模抑制比、失调电压和电流、偏置电流和电压、频率响应、压摆率、输出电流和电压极限等参数。

5. 比较器(Comparator)

比较器的功能是比较输入端两个电压的大小和极性，并输出对应的状态。

6. 特殊功能运放(Special function)

特殊功能的运算放大器有：

(1)视频运算放大器。

(2)乘法器/除法器。

(3)有源滤波器。

(4)测试运算放大器。

(5)前置放大器。

八、控制部件库

控制部件库有乘法器、除法器、传递函数模块、电压增益模块、电压微分器、电压积分器、电压限幅器等共计 10 个常用的控制模块，在其属性对话框中设置相关参数。

九、杂项元件库

杂项元件库(Mixed Chips)中存放着 6 个元件箱。

1. AD. DA 转换器((ADC — DAC)

该工具箱中有常见的 3 种类型模数，数模转换器：

(1)ADC：把输入的模拟信号转换成 8 位的数字信号输出，其中：

VIN——模拟电压输入端子。

VREF+——参考电压“+”端子。

VREF-——参考电压“-”端子，一般与地连接。

SOC—为启动转换信号端子，只有端子电平从低电平变成高电平时，开始转换，转换时间 1 us，期间 EOC 为低电平。

EOC——转换结束标志位端子，高电平表示转换结束。

OE——输出允许端子，可与 EOC 接在一起。

(2)IDAC：将数字信号转换成与其大小成比例的模拟电流。

(3)VDAC：将数字信号转换成与其大小成比例的模拟电压。

使用时，“+”、“-”端分别接参考电压“+”、“-”端，且“-”端接地。

2. 定时器

555 定时器是一种用途十分广泛的集成芯片，只要外接几个阻容元件，就可以构成各种不同用途的脉冲电路。

3. 单稳态(Monostable)

该元件是边沿触发脉冲产生电路，被触发后产生固定宽度的脉冲信号，脉冲宽度由 RC 定时电路控制。它有两个输入控制端，A_1 为上升沿触发，A_2 为下降沿触发。一旦电路被触发，输入信号将不起作用。

十、晶体管库

晶体管库(Transistors)中存放着世界著名晶体管制造厂家的众多晶体管元件模型，这些元件的模型都以 Spice 格式编写，有较高的精度。还有带有篮色背景的元件箱存放着虚拟晶体管。虚拟三极管当于理想的晶体管，其 Spice 模型参数都使用默认值(即典型数值)。

晶体管阵列有3种类型:

(1)PNP晶体管阵列(PNP transistor array),适用于低频小功率电路。

(2)NPN/PNP晶体管阵列(NPN/PNP transistor array),常用在各种放大器电路中。

(3)NPN晶体管阵列(NPN transistor array)

第三节 仿真实验实例

模拟电子电路是由元器件和导线按电路原理连接而成的,要创建一个电路,除了必须掌握电路原理,还应熟悉仿真软件,并掌握一定的技巧。

3.1 界面设置

界面设置又叫定制用户界面,其的目是满足用户的不同爱好与习惯。

界面设置操作主要是分别启动属性菜单中的图纸属性命令和属性命令,通过在打开的对话框中选择各种功能选项来实现的。

单击属性菜单,打开下拉菜单,再单击属性菜单。在对话框中,有Paths(路径)、Save(保存)、Parts(零件)、Genereal(常规)四个翻页菜单,默认状态是Parts(零件)页,此页用于设置元器件库中元器件的符号标准和元器件向工作窗口中放置方式等。

(1)Place component mode(元件放置方式)区:选择放置元器件的方式,有一个任选项,三个选择项,其中Return to Component Browser After Placement是任选项,选择后可使元件放置后自动恢复元器件库,所以在需大量调用元器件时更方便些。

(2)Symbol standard(符号标准)区:选取采用的元器件符号标准,其中ANSI选项为美国标准,DIN选项为欧洲标准。

注意:符号标准的选用,仅对现行及以后编辑的电路有效,对以前编辑的电路无效。

(3)Positive Phase Shift Direction(正相位移方向)区:变换交流信号源的真实相位,有正弦和余弦两种选择,默认为正弦。

(4)Digital Simulation Settings(数字仿真设置区):数字仿真设置,有理想和真实两种选择,默认为理想。

Paths(路径)页:设置预置的文件存取路径,包括:Circuit default path(电路默认路径)、User buttonimages(用户按钮图象路径)、User settings(用户设定路径)、Data-base Files(数据库文档路径)等4项。

Save(保存)页:设置备份功能,包括:Create a “Secu-rity” Copy(创建一个安全备份)、Auto-backup(自动存盘时间间隔设定)、Save simu-lation data with instruments(仿真数据最大保存量设定)3 项。

Genereal(常规)页:为通常的设置,包括:(1)Selection Rectangle(选择矩形):有两个选项,默认 Interse-cting。(2)Mouse wheel Behaviour(鼠标滚轮作用):有两个选项,默认 Zoom workspace。(3)Auto wire(自动接线方式):有 3 个选项,全选。另有 3 个单独的选项。

3.2 电路属性设置

单击属性菜单,打开下拉菜单,再单击属性图纸菜单,用户可以根据自己的喜好对各种参数进行选择,下面分别说明。

在对话框有 Circuit(电路)、Workspace(工作区)、Wiring(配线)、Font(字体)、PCB、Visibility(可见)六个分页菜单,默认为 Circuit(电路)页。

1. Circuit(电路)页,又分 Show(显示)和 Color(颜色)两个区

(1)Show(显示)区:设置元件及连线上所要显示的文字项目等,又分 Component(元件)、Net Names(网络名字)和 Bus Entry(总线入口)3 个小区。Component 区中共有 6 个选项:Labels 显示元件的标识;Ref Des 显示元件不可重复的惟一序号;Values 显示元件的参数值;Attribute 显示元件属性;Pin names 显示引脚名称;Pin numbers 显示引脚编号;Net Names 区显示或隐藏网络名称;Bus Entry 区显示总线说明。

(2)Color(颜色)区:设置编辑窗口内的元器件、引线及背景的颜色。

单击左上方的窗口,选择几种预定的配色方案之一,包括:Custom(由用户设定的配色方案)、BlackBackg-round(黑底配色方案)、White Backg-round(白底配色方案)、White&Black(白底黑白配色方案)Black&White(黑底黑白配色方案)。后 4 种方案为程序预定,选中即可。

若在左侧窗口的下拉菜单中,选中 Custom 选项。

则 Color 区左侧图被选定,而右侧各项被激活。Custom 可由用户设定,包括 6 项图件的颜色设定。其中:Background 为背景色;Selection 为选定框的颜色;Wire 为连接线颜色;Component With mod 为模型器件的颜色;Component Without mod 为非模型器件的颜色;Virtual Component 为虚拟器件的颜色。默认设置为白底配色方案。

2. Workspace(工作区)页:对电路窗口显示的图纸的设置,分两个区。

(1)Show(显示)区:设置窗口图纸格式。左边是设置预览窗口,右边是选项栏,包括:Show grid 显示栅格,Show Page Bounds 为显示纸张边界,Show border 为显示边框。

(2)Sheet size(图纸大小)区:设置窗口图纸的规格及摆向。在左上方程序提供了 A、B、C、D、E、A0、A1、A2、A3、A4、Legal、Executive、Folio 等 13 种标准规格的图纸。如果

要自定图纸尺寸，则应选择 Custom 项，然后在右边的 Custom size 区内指定图纸 Width（宽度）和 Height（高度），其单位可选择 Inches（英寸）或 Centimeters（厘米）。另外，在左下方的 Orientation 区内，可设置图纸放置的方向，Portrait 为纵向，Landscape 为横向。

3. Wiring（配线）页：设置电路中导线的宽度及连接方式，分两个区：

(1)Drawing Option（画图选项）区：设置导线的宽度，左边是普通接线的设置预览和宽度选定，选择范围为 1～15；右边是总线的设置预览和宽度选定，选择范围为 3～15。

(2)Bus Wiring Mode（总线配线模式）区：设置总线方式。有 Net（使用网络名称）和 Bus ling（总线）两种选择。

Font（字体）页：设置元件的标识和参数、元器件属性、节点或引脚的名称、原理图文本等文字。设置方法与一般文本处理程序相同，不再赘述。

PCB 页：选择 PCB 的接地方式。

Visibility（可见）页：为提高可视性的设置，包括 Fixed Layers（固定层）和 Custom Layers（自定义层）两项。

3.3 仿真实验

Multisim 9.0 中的元器件种类繁多，有现实元件（采用实际元件模型），也有虚拟元件（采用理想元件模型），虚拟元件又有 3D 元件、定值元件和任意值元件之分。开发产品必须使用现实元件；设计验证电路原理，采用虚拟元件较好；不同类型的元件存放于不同的元器件库中。

例 1 单级晶体管稳定工作点放大电路

以图 1-2-1 所示单级晶体管稳定工作点放大电路为例，说明创建实验电路的基本方法和仿真分析方法。

第一步：将鼠标指针移动实验所需元器件库图标上，该图标就会凸起，点击按键，即打开此元器件库。此时即可调用元器件。将调用的元器件经移动、旋转、翻转、复制和粘贴等操作合理布局和摆放在电路工作窗口的相应位置。

注意：用鼠标单击某元器件，若该元器件被虚线方框包围表示被选中，再配合菜单栏相关项目即可对元器件做各种操作。要取消某个元器件的选中状态，只需单击电路空白区即可。

第二步：元器件的连接。元器件的正确连接是保证创建电路运行仿真的前提条件。熟练掌握连接方法是迅速、正确组建电路的基本技能。电路整齐、简洁，不仅美观，而且便于检查，减少故障率。将鼠标移动至需连接的元器件引脚，此时出现一个小圆点时，按住左键拖动至被连接的元件引脚或被连接的电线，当出现一个小圆点时，点击左键即可。若要删除连线，右键单击该连线，按显示菜单提示操作即可。

注意:改变连线颜色只需将鼠标指向该连线,单击右键,按显示菜单提示操作即可。元器件属性和标签的确定,选中元器件,双击左键,按显示菜单提示操作即可。点击菜单命令 Place/Text,光标变成 I 型,出现一个文本放置块,在其中输入文字,文本块会随字数的多少自动缩放。输入完成后,单击空白区即可。改变文字的颜色,字形和字号,按对话框中的提示操作即可。添加文本阐述栏点击菜单命令 Tools/DescriptionBoxEditor,按对话框提示操作即可。添加标题栏点击菜单命令 Place/TitleBlock,按对话框提示操作即可。

第三步:设置元器件和仿真仪器参数。在完成第一步、第二步后,将实验电路中元器件和仿真仪器的参数设置到要求即可开始仿真实验。用鼠标左键双击仿真仪器图表即打开仪器面板,完成参数设置。

第四步:仿真运行。启动仿真开关即可观察到电压表、电流表的读数和示波器的波形,进而分析实验现象。

第五步:仿真分析。在图 3-2-1 中的菜单栏中选中仿真菜单,其下拉菜单显示 Multisim 9.0中有多达 18 种的基本分析方法。下面结合图 3-2-1 中稳定工作点放大电路,就其中最常用的 5 种分析方法进行讨论。

(1)DC Operating Point Analysis(直流工作点分析)

直流工作点分析就是计算电路的静态工作点。在图 3-2-1 中,选中菜单中的仿真命令下的分析选项,此时右边出现 18 种分析选项。选中直流工作点分析项,此时弹出图 4-3-1 对话框。

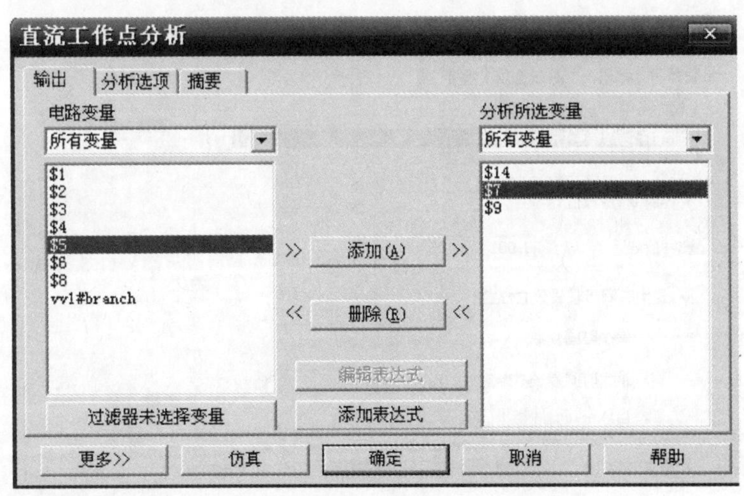

图 4-3-1　直流工作点分析对话框

在图 4-3-1 对话框中,输出的主要作用是选定所要分析的节点,可以添加或删除要分析的节点。所有变量栏内列出了电路中可用于分析的节点以及流过电压源的电流等变量。点击“所有变量”的下拉列箭头可选择不同的变量类型。摘要是对分析设置进行汇总确认。仿真结果如图 4-3-2 所示。

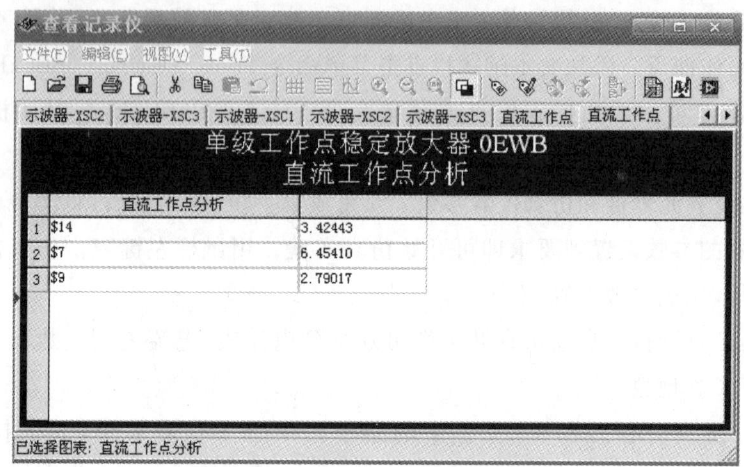

图 4-3-2 直流工作点分析结果

(2) Transient Analysis(瞬态分析)

瞬态分析是一种非线性时域分析，在激励信号(或没有任何激励信号)的情况下计算电路的时域响应。在图 4-2-1 中，选中菜单中的仿真命令下的分析选项，此时右边出现 18 种分析选项，选中瞬态分析项，此时弹出图 4-3-3 对话框。

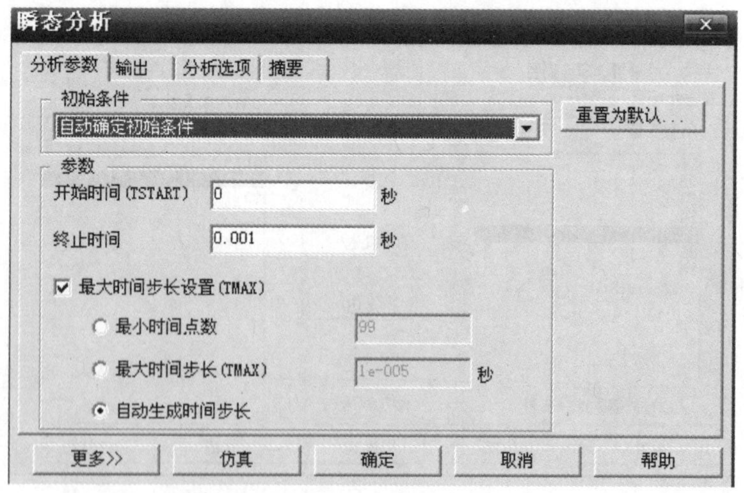

图 4-3-3 瞬态分析对话框

在图 4-3-3 中，分析参数项的功能是设置初始条件。其初始条件选项如图中所示。

后三项功能与图 4-3-1 相同，不再表述。仿真分析结果如图 4-3-4 所示。

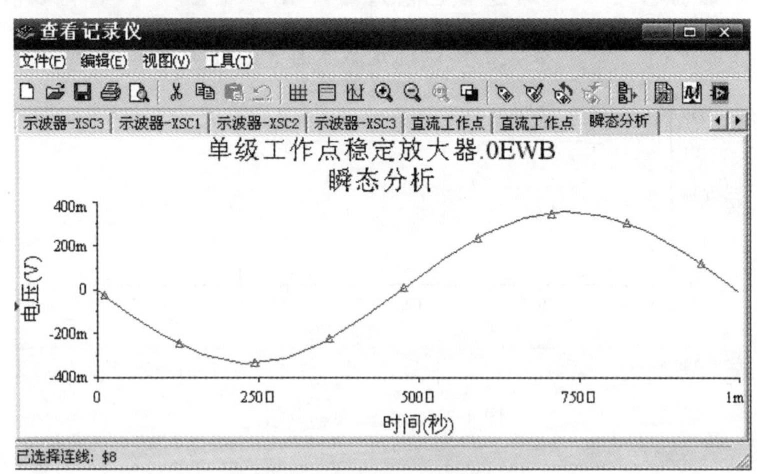

图 4-3-4　瞬态分析结果

(3)AC Frequency Analysis(交流频率分析)

在图 4-3-1 中，点击菜单中的仿真命令下拉菜单的分析选项，在右边的 18 种分析选项，选中交流分析项，此时弹出图 4-3-5 对话框。仿真分析结果如图 4-3-6 所示。

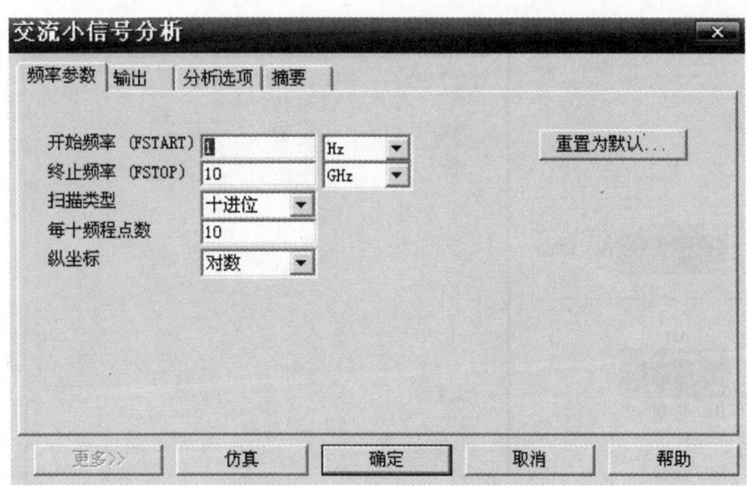

图 4-3-5　交流频率分析对话框

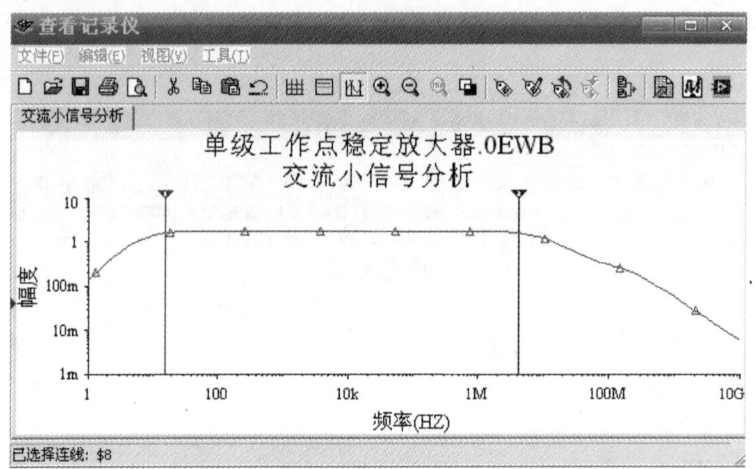

图 4-3-6 交流频率分析

Multisim 9.0 仿真实验仪器种类齐全，数量不限，功能强大。

下面重点介绍模拟电子电路实验中常用的电压表、电流表、数字万用表、功率表、函数信号发生器、示波器、波特图仪(扫频仪)等。

1. 电压表和电流表

在显示器件库中可调用电压表和电流表，其图标与电压表对话框如图 4-3-7 所示。

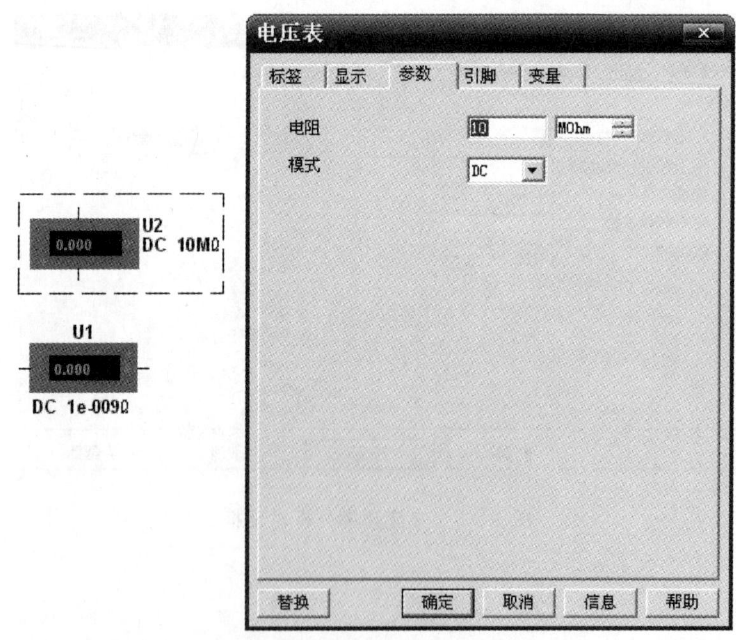

图 4-3-7 电压表和电流表图标及对话框

在电压表对话框参数选择栏中可以对电压表的内阻，测量模式进行设置，可选择直流或是交流。电流表对话框内容与之相同。

2. 数字万用表

仿真数字万用表与实物数字万用表一样，能测量交直流电压、电流和电阻，也可用分贝(dB)形式测量电压和电流，其图标和面板如图 4-3-8 所示。

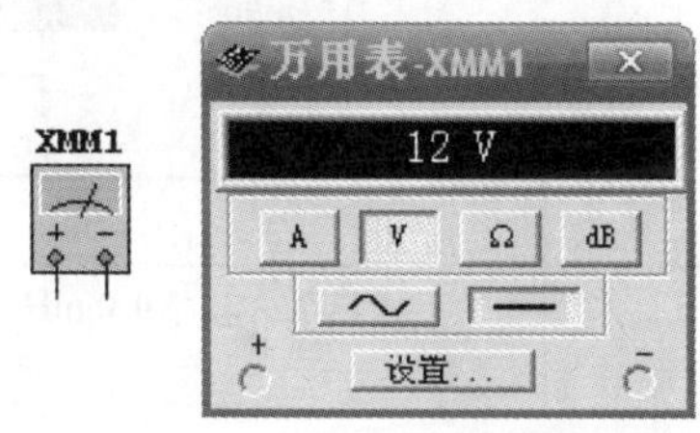

图 4-3-8　数字万用表图标和面板

(1)连接

图标上的＋、－两个端子用来连接被测试点，与实物万用表一样，测电流时，应串联在被测电路中；测电压或电阻时，应与所要测量的端点并联。

(2)面板操作

点击面板上的各按钮可进行相应的操作。

测量电流，点击 A 按钮；测量电压，点击 V 按钮；测量电阻，点击 Ω 按钮；测量分贝值(dB)，点击 dB 按钮。测量交流，按"～"按钮，其测量值是有效值；测量直流，按—按钮，如用它测量交流，其测量值是平均值。

设置项用于设置万用表的内阻等参数，一般选用默认值即可。

3. 功率表

仿真功率表与实物功率表一样，是一种测量电路交、直流功率的仪器，其图标和面板如图 4-3-9 所示。

(1)连接

功率表图标中有两组端子，左边两端子是电压输入端子，与被测试电路并联；右边两端子为电流输入端子，与被测电路串联。

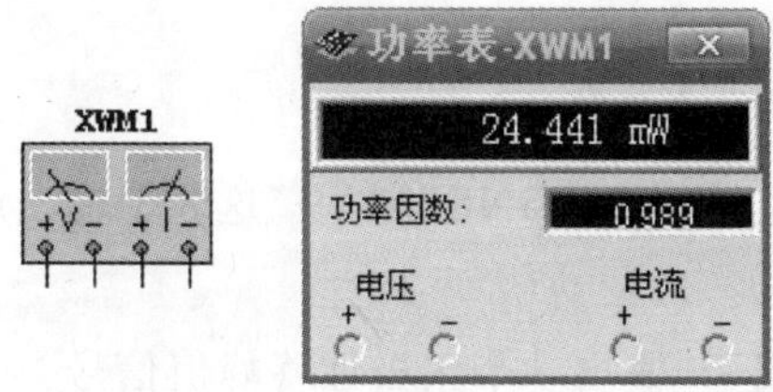

图 4-3-9　功率表图标和面板

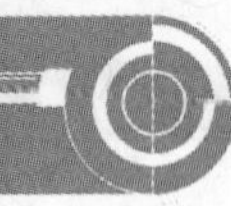

(2)面板操作

在测量图 4-3-10 电路功率及功率因数的实例中，测得的功率(平均功率)、功率因数(0～1 之间)如图中显示所示，功率单位自动调整。

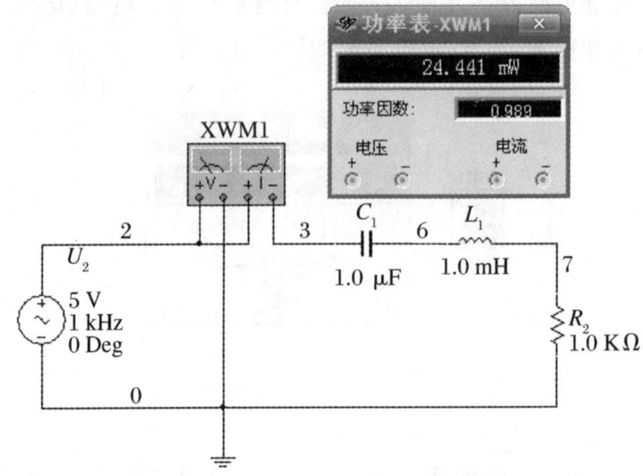

图 4-3-10 电路功率及功率因数的测量实例

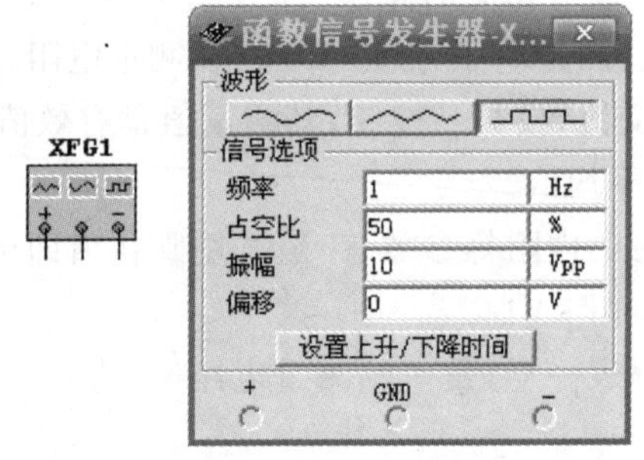

4-3-11 函数信号发生器图标和面板

4. 函数信号发生器

仿真函数信号发生器与实物函数信号发生器一样，是用来产生正弦波、矩形波和三角波信号的仪器，其图标和面板如图 4-3-11 所示。

(1)连接

函数信号发生器的图标有“＋”、“GND”和“－”这 3 个输出端子与外电路相连输出电压信号，其连接规则是：

①连接“＋”和“GND”端子，输出一个正极性峰峰值信号。

②连接“－”和“GND”端子，输出一个负极性峰峰值信号。

③连接“＋”和“－”端子，输出一个两倍峰峰值信号。

④同时连接“＋”、“GND”和“－”端子，并把“GND”端子与电路公共地(Ground)相连，则输出两个幅度相等，极性相反的峰峰值信号。

(2)面板操作

在面板上可完成输出电压信号的波形类型、幅度大小、频率高低、占空比、升降时间或偏置电压等项目的设置。

5. 示波器

仿真示波器与实物示波器一样，用它来观察信号波形并测量信号幅度、频率和周期等参数。其图标和面板如图 4-3-12 所示。

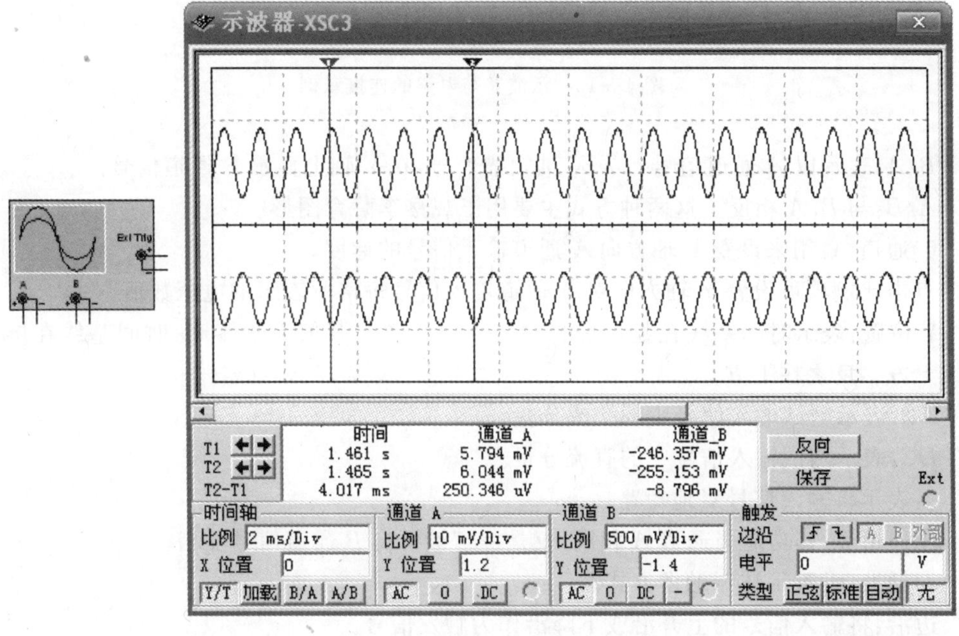

图 4-3-12　示波器图标和面板

(1)连接

图 4-3-12 中示波器是一个双踪示波器，有 A、B 两个通道，T 是外触发端。连接方式如图 4-3-13 中所示，与实物示波器完全相同。

(2)面板操作

示波器面板及其操作如下：

①时间轴：点击比例项可设置 X 轴方向时间基线的扫描时间。

②X 位置：表示 X 轴方向时间基线的起始位置。改其设置可使时间基线左右移动。

Y/T：表示以 X 轴方向显示时间基线，并按设置时间进行扫描，在 Y 轴方向显示 A、B 通道的输入信号。

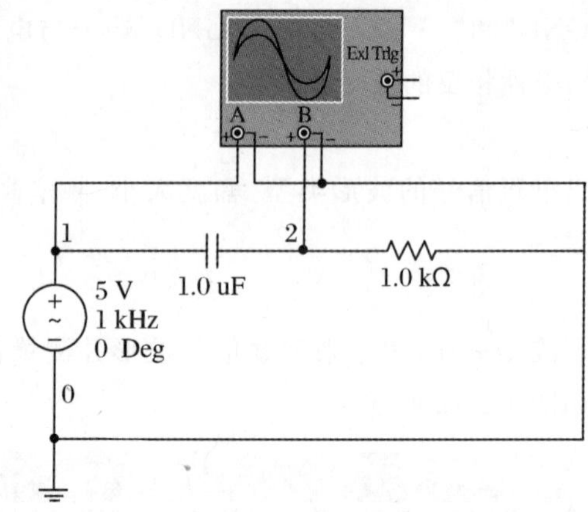

图 4-3-13 示波器与电路的连接示例

B/A：表示以 A 通道信号作为 X 轴扫描信号，在 Y 轴上显示 B 通道信号。

A/B：与 B/A 相反。这两种方式主要用于观察李萨育图形。

③通道 A：用来设置 Y 轴方向 A 通道输入信号的标度。

点击比例项可设置 Y 轴方向对 A 通道输入信号每格所表示的电压数值。

Y 位置：表示时间基线在显示屏幕中的上下位置。其值大于零时，时间基线在屏幕中线上方。反之在下方。

AC：表示测试输入信号中的交流分量。

DC：表示测试输入信号中的直流分量。

0：表示将输入信号对地短路。

④通道 B：其功能与通道 A 相同，仅是"—"键可将 B 通道信号反相。

⑤触发：设置示波器触发方式。

边沿：将输入信号的上升沿或下降沿作为触发信号。

电平：选择触发电平的大小。

自动：触发信号来自示波器内部，不依赖外部信号。一般情况下使用自动方式。

A 或 B：表示用 A 通道或 B 通道的输入信号作为同步 X 轴时基扫描的触发信号。

外部：用示波器图标上 EXT 连接的信号作为触发信号来同步 X 轴时基扫描的触发信号。

正弦：以市电交流信号作为 X 轴时基扫描的触发信号。

⑥测量波形参数：在示波器屏幕上有两条可以左右移动的读数指针，当用鼠标器左键拖动读数指针左右移动扫过波形时，在显示屏幕下方的 3 个测量数据的显示区会显示波形参数。T_1 表示 1 号读数指针离开屏幕最左端（时基线零点）的时间，T_2 同理。通道 A 列是读数指针 1 测得的通道 A、通道 B 信号的幅值和它们幅值之差值。

⑦设置信号波形显示颜色、屏幕背景颜色、保存、移动波形：波形的显示颜色与 A，B 通道连接导线的颜色相同。点击反向键、保存键即可改变屏幕背景的颜色、保存波形。

利用指针拖动显示屏幕下沿的滚动条可左右移动波形。

6. 波特图仪

波特图仪((Bode Plotter)又叫扫频仪)与实物仪器一样,是用来测量电路、系统或放大器幅频特性和相频特性的一种仪器。

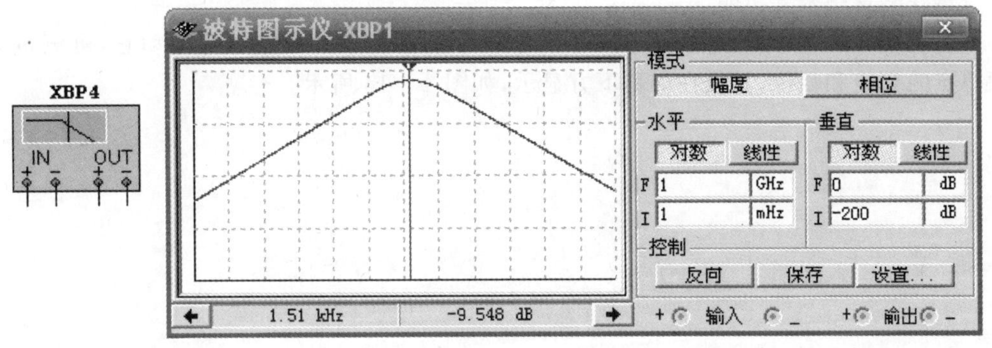

图 4-3-14　波特图仪的图标和面板

(1)连接

波特图仪有 4 个接线端,左边“IN”是输入端口,其“V+”、“V-”分别与电路输入端的正负端子相连;右边“out”是输出端口,其“V+”、“V-”分别与电路输出端的正负端子连接。

波特图仪本身不带信号源,在使用时需在电路输入端口示意性地接入一个交流信号源,无需对其进行参数设置。

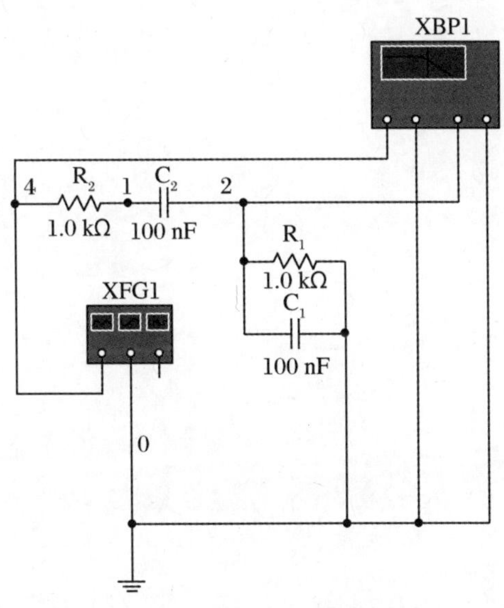

图 4-3-15　波特图仪连接示意图

(2)面板操作

①选择幅度显示幅频特性曲线。

②选择相位显示相频特性曲线。

③面板上可设置波特图仪频率的初始值I和最终值F。还可以完成设置扫描分辨率以及保存测量结果等功能。

④点击波特图仪面板屏幕下方左、右各一个的读数指针或用鼠标拖动它,可测量某频率点的幅值和相位,其值在屏幕下方显示,如图4-3-14所示。

第四章　模拟电子技术仿真实验

实验一　两级阻容耦合放大器仿真实验

一、实验目的

1. 了解两级放大器电路的几种耦合方式，熟悉稳定工作点电路结构和工作原理。

2. 了解阻容耦合两级放大电路与单级放大器的电压放大倍数、通频率带之关系及其电路参数对它的影响。

3. 掌握放大电路频率特性的测定方法。

4. 进一步掌握仿真实验方法。

二、实验仪器

1. 直流稳压电源；2. 函数信号发生器；3. 示波器；4. 数字万用表；5. 数字毫伏表；6. 实验电路板和连接导线；7. 计算机及其仿真软件。

三、预习要求

1. 了解两级放大器电路的几种耦合方式，熟悉稳定工作点电路结构和工作原理。

2. 了解阻容耦合两级放大电路与单级放大器的电压放大倍数、通频率带之关系。

3. 进一步熟悉仿真软件 Multisim9.0。

两级阻容耦合放大电路的实验电路，如图 3-1-1。

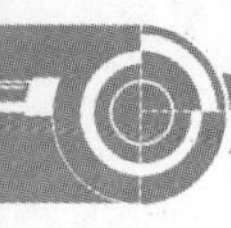

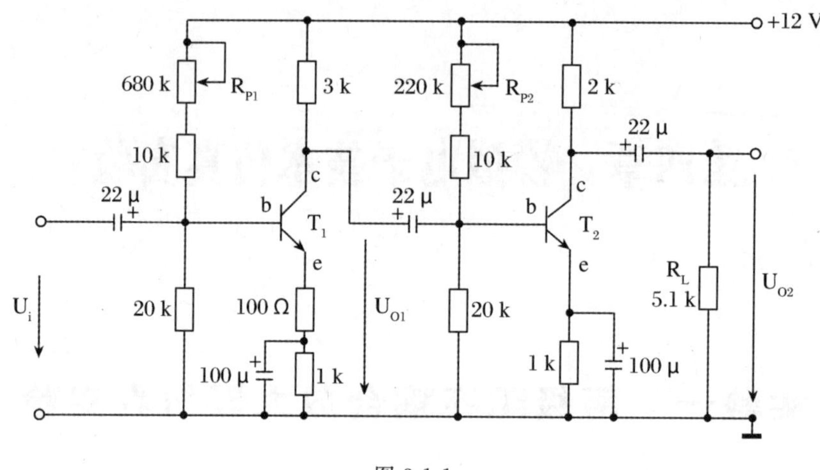

图 3-1-1

四、仿真实验步骤

第一步：首先打开 Multisim 9.0 基本界面，然后调取、放置实验用元器件和仿真仪器。调取三极管，将鼠标指针移动至三极管库图标上(如图 3-1-2 中箭头所指)，该图标会凸起，左键点击图标，即打开三极管库。选中所需三极管型号，左键点击确定，将鼠标移动至电路工作窗口，再次点击左键即完成对三极管的调用。电阻元件采用虚拟元件，将鼠标指针选中虚拟电阻(蓝色衬底表虚拟元件，其值可任意设定)即可。同样方法再调出、放置其他元器件。对元器件、仿真仪器可进行移动、旋转、翻转、复制或粘贴等操作。在电路工作窗口合理摆放元器件、仿真仪器。

注：用鼠标单击某元器件，若该元器件被虚线方框包围表示被选中，再配合工具栏和菜单栏相关项目即可对元器件做各种操作。要取消元器件的选中状态，只需单击电路工作窗口空白区即可。

第二步：元器件和实验仪器的连接。将鼠标移动至需连接的元器件或实验仪器引脚，当出现一个小圆点时，按住左键拖动至被连接的元件引脚或被连接的电线，当出现一个小圆点时，点击左键即可。所有连接会依照顺序自动显示唯一电路节点。若要删除连线，右键单击该连线，在编辑栏中操作删除项即可。

注：改变连线颜色只需将鼠标指向该连线，单击右键，按弹出菜单提示操作即可。点击放置菜单命令，选中文本项，光标变成 I 型，出现一个文本放置块，在其中输入文字，文本块会随字数的多少自动缩放，输入完成后，单击空白区即可。

第三步：设置元器件和仿真仪器参数。选中电路中元器件，左键双击，按弹出属性对话框的提示操作即可。设置参数为图 3-1-2 中所示的值。仿真仪器的参数设置是用鼠标左键双击仿真仪器图标打开仪器面板进行操作实现的。

第四步：仿真运行。启动运行/停止仿真开关，仿真实验结果如图 3-1-2 所示。

图中显示双级放大器的集电极电压U_{c1}、U_{c2}分别等于6.59 V和6.57 V，表明双级放大器工作在放大区。从图中函数信号发生器面板上看到输入信号为正弦波，幅度1 mVpp，频率1 kHz。从示波器上看到，输入输出波形同相位，输入信号被放大了约1000倍。

第五步：仿真分析。在图3-1-2中的菜单栏中选中仿真菜单，其下拉菜单显示Multisim 9.0中有多达18种的基本分析方法。下面对双级放大器的做直流工作点分析、温度扫描分析和交流分析。

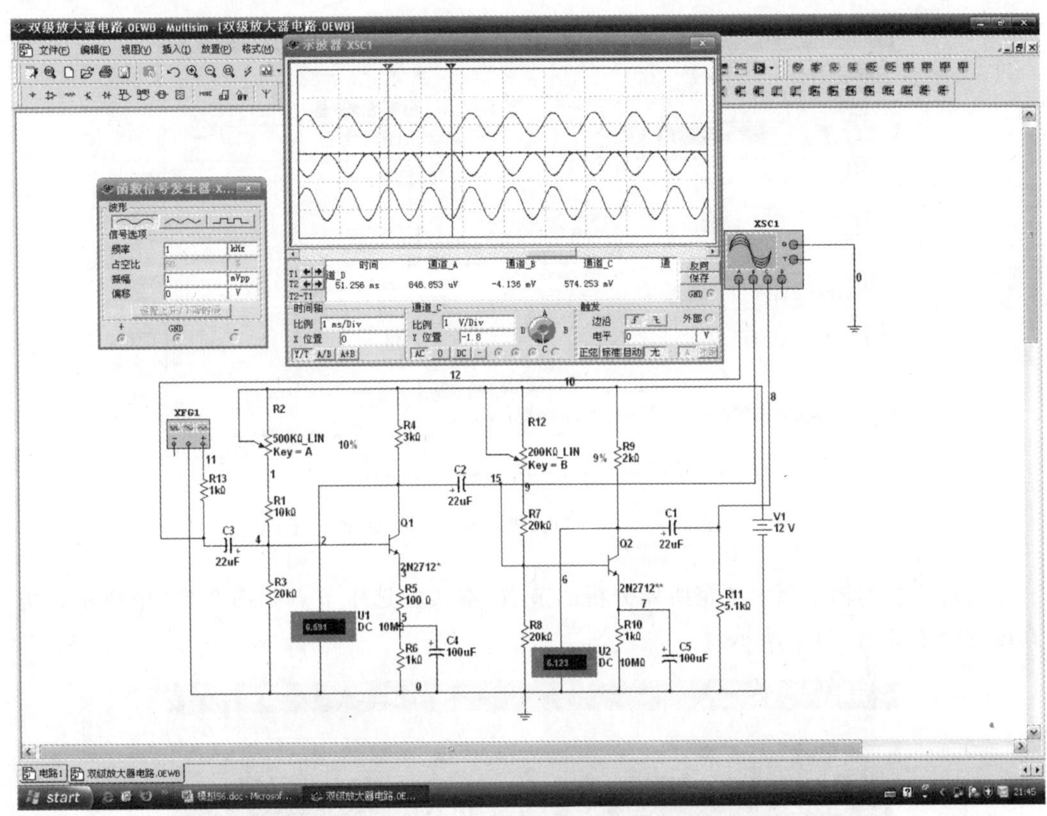

图 3-1-2　双级放大器

1. 调整静态工作点

调整R_2、R_{12}(记录当前值)，使$U_{C1}=(6\sim7\ \text{V})$、$U_{C2}=(6\sim7\ \text{V})$，测量各级静态工作点，填入表3-1-1中。

表 3-1-1

待测参数	U_{C1}	U_{B1}	U_{E1}	U_{C2}	U_{B2}	U_{E2}	R_i	R_O
计算值								
测量值								

(1)DC Operating Point Analysis(直流工作点分析)

直流工作点分析是在电路中电感短路、电容开路的情况下,计算电路的静态工作点。在进行暂态分析和交流小信号分析之前,程序会自动进行直流分析,以确定暂态的初始条件和交流小信号情况下非线性器件的线性化模型参数,因此,直流分析是基础分析。在图 3-1-3 中,选中菜单中的仿真命令下的分析选项,在右边出现多种分析选项中选中直流工作点分析项,此时弹出图 3-1-4 对话框。

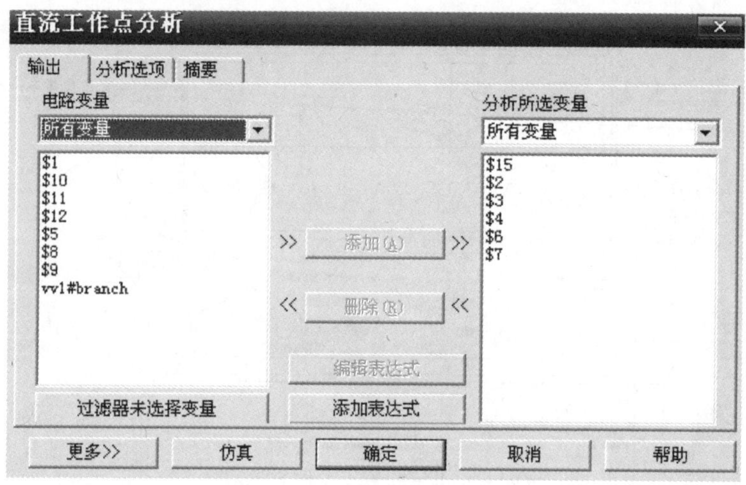

图 3-1-3 双级放大器直流分析对话框

在对话框的输出项中选定所要分析的节点,本实验选中节点如图 3-1-3 中所示。仿真运行结果如图 3-1-4 所示。

查看记录仪

双级放大器电路.0EWB
直流工作点分析

	直流工作点分析	
1	$6	6.57567
2	$15	3.37584
3	$7	2.74214
4	$2	6.57376
5	$4	2.63191
6	$3	2.00938

已选择图表: 直流工作点分析

图 3-1-4 双级放大器直流分析结果

由图 3-1-4 中看到：双级放大器第一级和第二级的晶体三极管的 b、c、e 的直流电压分别是：2.63 V、6.57 V、2.01 V；3.37 V、6.57 V、2.74 V，满足三极管导通的外部条件，放大器工作在放大区。

(2) Temperatures Sweep Analysis（温度扫描分析）

温度扫描分析是研究温度变化对电路性能的影响。通常电路的仿真实验默认在 27 ℃。温度扫描分析只对半导体器件和虚拟电阻有效。在图 3-1-2 中，选中菜单中的仿真命令下的分析选项，在右边弹出的分析选项中选中温度扫描分析项，此时弹出图 3-1-5 对话框。

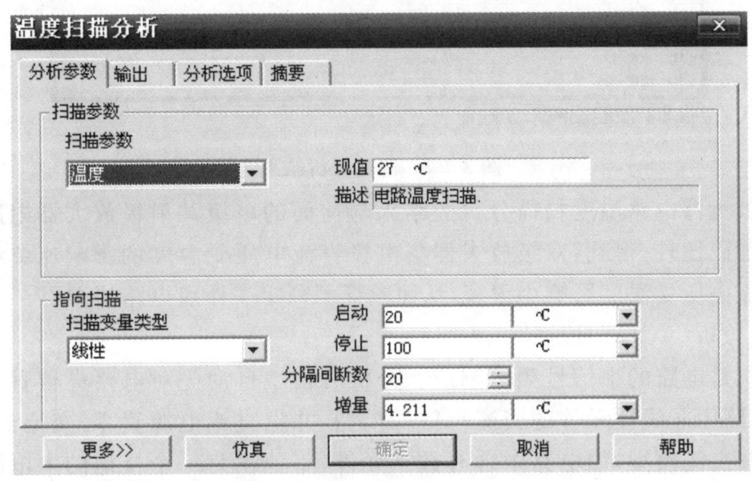

图 3-1-5　温度扫描分析对话框

分析参数设置如图 3-1-5 中所示。选中输出节点如图 3-1-6 所示，分别是第一级和第二级的集电极直流电压。

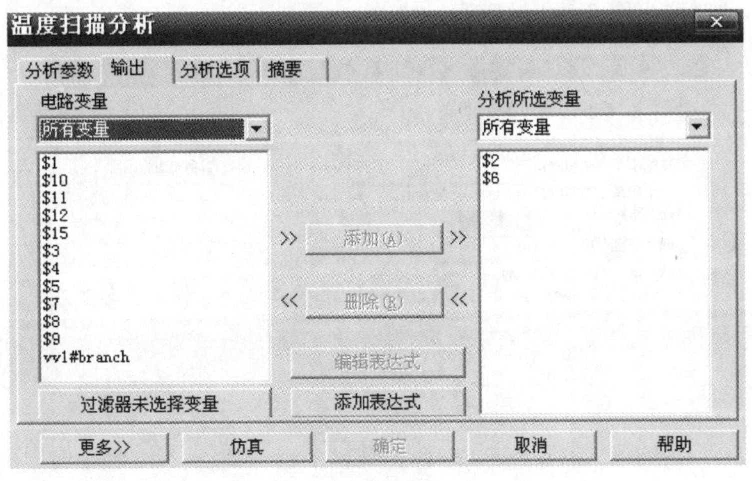

图 3-1-6　温度扫描分析对话框

仿真运行结果如图 3-1-7 所示。

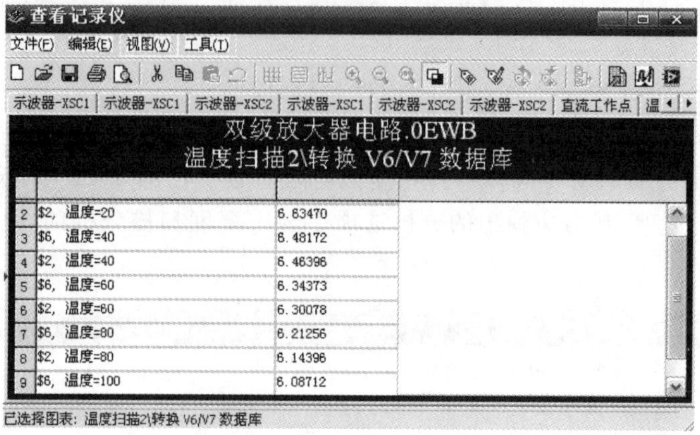
查看记录仪
文件(F) 编辑(E) 视图(V) 工具(T)
示波器-XSC1 | 示波器-XSC1 | 示波器-XSC2 | 示波器-XSC1 | 示波器-XSC2 | 示波器-XSC2 | 直流工作点 | 温
双级放大器电路.0EWB
温度扫描2\转换 V6/V7 数据库
2 $2, 温度=20 6.83470
3 $6, 温度=40 6.48172
4 $2, 温度=40 6.46396
5 $6, 温度=60 6.34373
6 $2, 温度=60 6.30078
7 $6, 温度=80 6.21256
8 $2, 温度=80 6.14396
9 $6, 温度=100 6.08712
已选择图表：温度扫描2\转换 V6/V7 数据库

图 3-1-7　温度分析结果

把双级放大器电路温度扫描分析的结果与前面的单级共射极放大器电路温度扫描分析的结果加以比较，得到：双级放大器集电极直流电压受温度的影响比单级共射极放大器电路直流电压受温度影响小很多，从而验证了稳定工作点电路的作用。

(3)交流分析(AC Analysis)

交流分析是电路的小信号频率响应。分析时程序自动先对电路进行直流工作点分析，以建立电路中非线性元件的交流小信号模型，并把直流电源置零，交流信号源、电容及电感等用其交流模型，如电路中含有数字元件，将他视为一个接地的大电阻。交流分析是以正弦波为输入信号，与输入何种信号无关，进行分析时都将自动以正弦波替换，而其信号的频率也是以设定的范围为准。交流分析的结果以幅频特性和相频特性两个图形显示。使用波特图仪测试也可获得同样的交流频率特性。

在图 3-1-2 中，选中菜单中的仿真命令下的分析选项，在右边弹出的分析选项中选中交流分析项，此时弹出图 3-1-8 对话框。

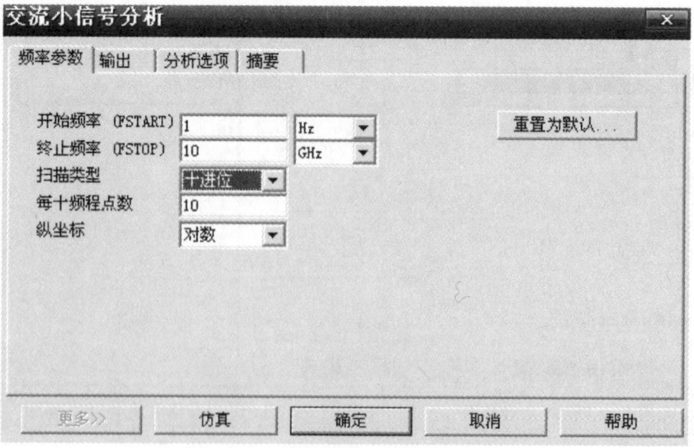
交流小信号分析
频率参数 | 输出 | 分析选项 | 摘要
开始频率 (FSTART) 1 Hz
终止频率 (FSTOP) 10 GHz
扫描类型 十进位
每十频程点数 10
纵坐标 对数
重置为默认...
更多>> 仿真 确定 取消 帮助

图 3-1-8　交流分析对话框

频率参数设置如图 3-1-8 中所示。选中输出节点如图 3-1-9 所示，他是第二级的集电极输出电压。

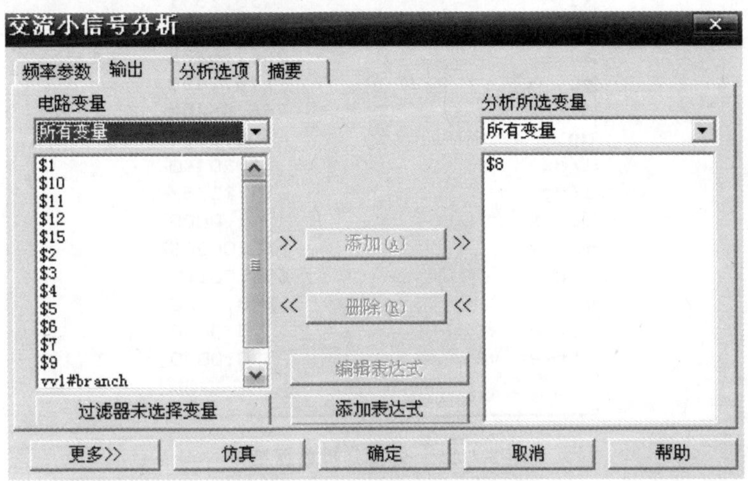

图 3-1-9　交流分析对话框

仿真运行结果如图 3-1-10 所示。

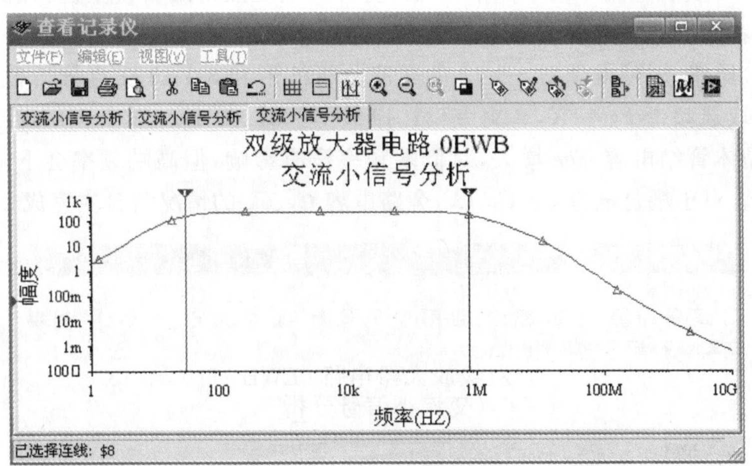

图 3-1-10　交流分析波形

左键点击图 3-1-10 中工具图标中的标尺图标，并由左端向右拖动即可得到图中波形，与此同时，实时显示标尺指向的数值大小，如图 3-1-11 所示，即可直接读取通频带 $Bw = X_2 - X_1 = 766.68\ \text{kHz} - 30.25\ \text{Hz} \approx 766.6\ \text{kHz}$

交流小信号分析

	$8
x1	30.2531
y1	172.4935
x2	766.6822k
y2	176.7448
dx	766.6520k
dy	4.2513
1/dx	1.3044□
1/dy	235.2235m
min x	1.0000
max x	10.0000G
min y	606.0896□
max y	248.7128
offset x	0.0000
offset y	0.0000

图 3-1-11 交流分析数据结果

(4)晶体管结电容 *Cbe*、*Cbc*，耦合电容 C_1、C_2、C_3、旁路电容 C_4、C_5 的值对通频带宽度的影响。

在图 3-1-2 实验电路中选中晶体管 Q_2，打开对话框点击编辑模型键，在晶体管 Q_2 参数中将结电容 *Cje*(*Cbe*)由 5.928 p 改为 100.928 p，然后点击更换模型部件键即可。按上述步骤(3)操作，即可得到图 3-1-12 的交流分析波形和 3-1-13 交流分析数据。从图 3-1-13 直接读取通频带 $Bw=X_2-X_1=431.14\ \text{kHz}-31.62\ \text{Hz}\approx 431.1\ \text{kHz}$

结论：晶体管结电容 *Cbe* 增大，对低端频率没有影响，但高端频率会下降，从而使通频带的变窄。对于耦合电容 C_1、C_2、C_3，旁路电容 C_4、C_5 的情况请自主完成。

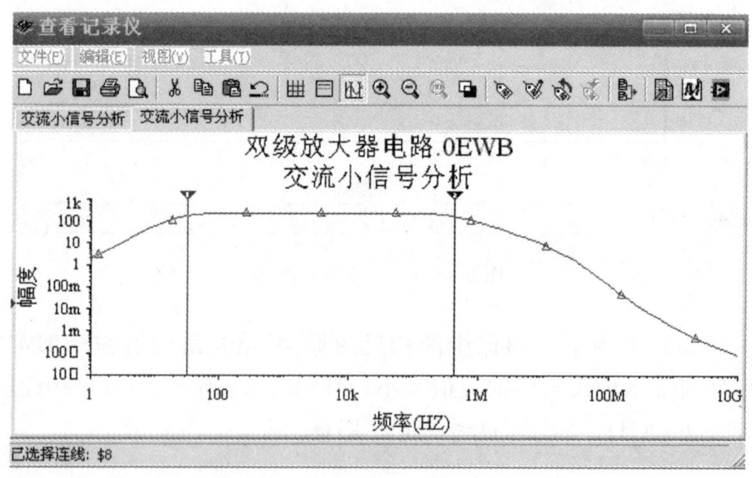

图 3-1-12 交流分析波形

交流小信号分析	$8
x1	31.6228
y1	168.8950
x2	431.1371k
y2	165.1676
dx	431.1055k
dy	-3.7274
1/dx	2.3196□
1/dy	-268.2832m
min x	1.0000
max x	10.0000G
min y	84.2891□
max y	236.4734
offset x	0.0000
offset y	0.0000

图 3-1-13　交流分析数据结果

五、实验报告

1. 根据实验数据计算两级放大器的电压放大倍数，说明总的电压放大倍数与各级放大倍数的关系以及负载电阻对放大倍数的影响。

2. 画出实验电路的幅频特性简图，标出 f_H 和 f_L。

3. 完成仿真实验内容和电子实验报告。

六、思考题

通过这个实验研究项目，你对实物实验与仿真实验的特点、方法有什么体会？对实物与仿真相结合的实验模式有何建议？

实验二　负反馈放大电路

一、实验目的

1. 对放大电路引入负反馈后对其各项性能的影响加深理解。

2. 掌握对反馈放大电路进行性能测试的方法。

二、实验原理

级间负反馈的阻容耦合式两级放大电路，其级间反馈类型为：电压串联负反馈。它的反馈系数：$F=R_9/(R_9+R_f)$，闭环增益：$A_{uf}=A_u/(1+A_{uf})$，若视为引入的是深度负反馈则：$A_{uf}=1/F$。它的输入电阻：$R_{if}=(1+A_{uF})R_i$；它的输出电阻：$R_{Of}=R_O/(1+A_{uf})$，R_i、R_O 分别为放大电路引入负反馈之前的输入、输出电阻。电路如图 3-2-1 所示。

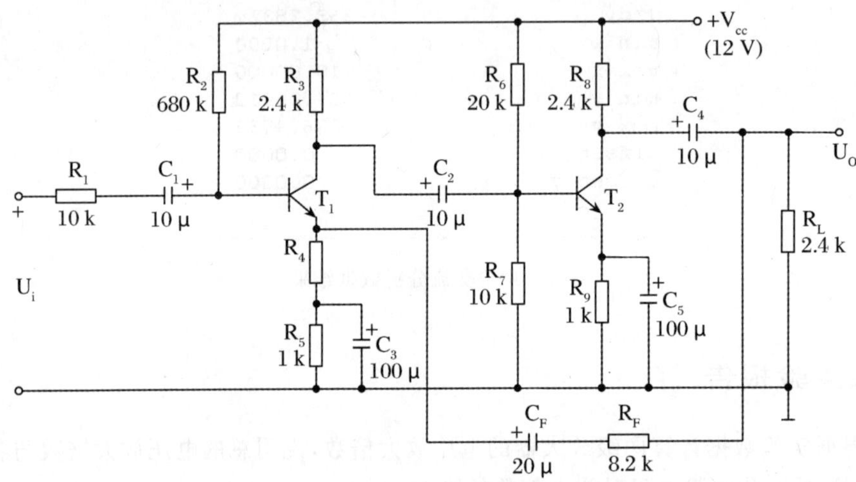

图 3-2-1　级间负反馈两级放大电路

三、实验仪器

1. 直流稳压电源；2. 函数信号发生器；3. 示波器；4. 数字万用表；5. 数字毫伏表；6. 实验电路板和连接导线；7. 计算机及其仿真软件；8. 频率计。

四、预习要求

1. 复习负反馈对放大电路性能影响的几个方面。

2. 提前分析该实验所选负反馈放大电路的基本特性，估测待测量的可能变化趋势。

3. 学习负反馈放大器静态工作点、电压放大倍数、输入电阻、输出电阻的开环和闭环仿真方法。

(1)启动 Multisim 9.0，输入仿真电路如图 3-2-2 所示。

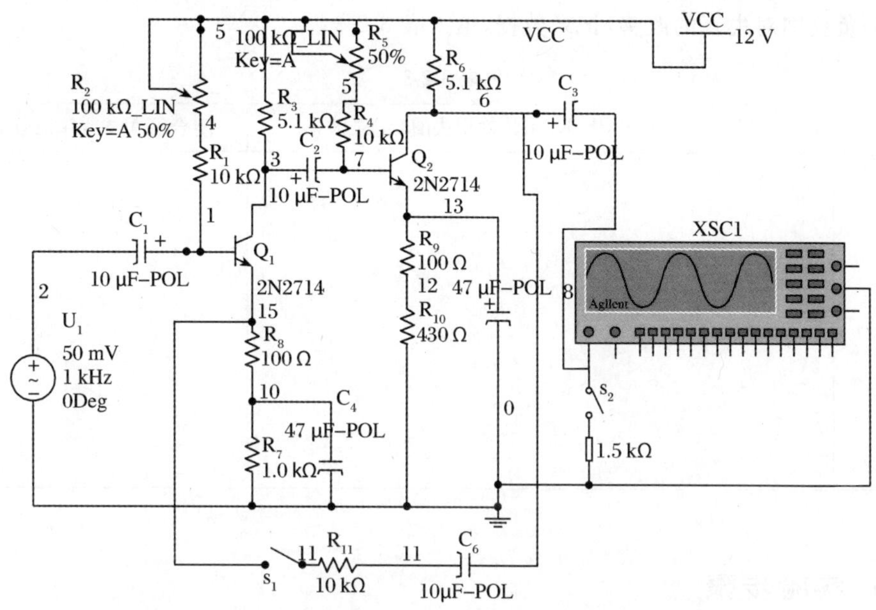

图 3-2-2 带电压串联负反馈的两级阻容耦合放大器仿真电路

(2)调节信号发生器 U_1 的大小,使输出端 U_O 在开环情况下输出不失真。

(3)启动直流工作点分析,记录数据,填入表 3-2-1:

表 3-2-1

三极管 Q_1			三极管 Q_2		
U_b	U_c	U_e	U_b	U_c	U_e

(4)交流测试,记录数据,填入表 3-2-2:

表 3-2-2

	R_L(图中 R_{11})	U_i	U_O	A_v
开环	R_L=无穷(S_2 打开)			
	R_L=1.5 k(S_2 闭合)			
闭环	R_L=无穷(S_2 打开)			
	R_L=1.5 k(S_2 闭合)			

(5)负反馈对失真的改善,记录数据,填入表 3-2-3:

表 3-2-3

	在开环情况下适当加大 V_i 的大小,使其输出失真,记录波形	闭合开关 S_1,并记录波形
波形		

五、实验步骤

1. 按照电路所示接线。

2. 负反馈放大电路开环增益(放大倍数)与闭环增益的测试。

(1)开环电路

暂不接入反馈电阻,在放大电路信号输入端接入 $f=1$ kHz,$U_i=100$ mV 的正弦波,此时放大电路处于开环状态,在用示波器监视输出电压波形无失真的情况下按照表 1 要求进行相关参量的测量,并根据实测值计算开环增益 Au。

(2)闭环电路

将反馈电阻接入,在放大电路信号输入端接入 $f=1$ kHz,$U_i=100$ mV 的正弦波,此时放大电路处于闭环状态,在用示波器监视输出电压波形无失真的情况下,按照表 3-2-4 要求进行相关参量的测量,并根据实测值计算开环增益 Auf。

表 3-2-4

电路状态	R_L(K)	U_i(mV)	U_O(mV)	Au(Auf)
开环	∞	1		
	2.4	1		
闭环	∞	1		
	2.4	1		

(3)负反馈对失真度的改善作用测试。

(4)负反馈对通频带的影响测试。

六、实验报告

1. 画出实验电路。
2. 写出实验内容及实验步骤、实验数据。
3. 整理实验数据，将测试数据与公式估算的数据相比较，分析误差原因。
4. 根据实验测试结果总结负反馈对放大电路性能的影响。

实验中的各项调节数据较多，各种可观察的图形的差异明显，要随时做好记录。必须整理实验数据，画出波形，把实测数据与理论值进行比较，分析原因。

七、思考题

分别指出实验电路中有多少种反馈，并说明他们所起的作用。

实验三　结型场效应管放大电路

一、实验目的

1. 进一步学习仿真软件 multisim 9.0 的功能特点，进一步熟练掌握仿真实验的方法。
2. 了解和熟悉结型场效应管放大器的性能特点。

二、实验原理

场效应管是利用电场来控制半导体中多数载流子运动的一种晶体管器件，它在大规模集成电路中有着极其重要的应用。由 FET 组成放大电路和 BJT 一样，要建立合适的 Q 点，由于 FET 是电压控制器件，因此它需要有合适的栅极电压。结型场效应管采用理想模型，直流偏置采用分压式自偏压电路。栅极输入信号，漏极输出信号，源极为输入回路与输出回路的公共端。实验原理电路如图所示。漏极电源 V_{DD} 经分压电阻 R_{g1} 和 R_{g2} 分压后，通过 R_{g3} 供给栅极电压 $U_G=R_{g2}U_{DD}/(R_{g1}+R_{g2})$，同时漏极电流在源极电阻 R_g 上也产生压降 $V_s=I_DR$，因此，静态时加在 FET 上的栅源电压为

$U_{GS}=U_G-U_S=\frac{R_{g2}}{R_{g1}+R_{g2}}U_{DD}-I_DR=-(I_DR-\frac{R_{g2}}{R_{g1}+R_{g2}}U_{DD})$，这种偏压电路的另一特点分压式自偏压电路的特点是适用于增强型管电路。

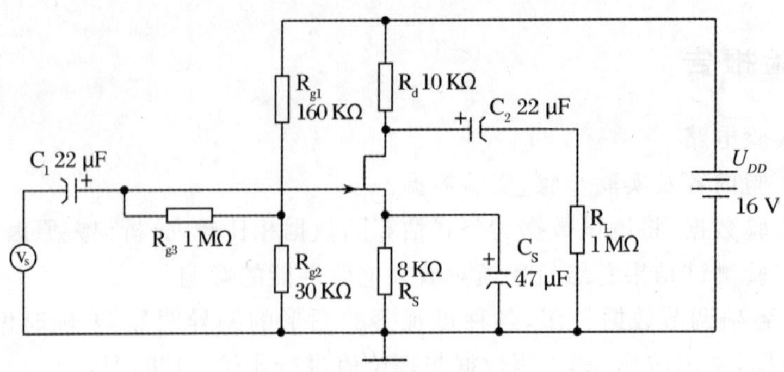

图 3-3-1 场效应管放大器

确定静态工作点。对 FET 放大电路的静态分析可以采用图解法或用公式计算，图解的原理和 BJT 相似。下面讨论用公式进行计算以确定 Q 点。

由式 $i_D=I_{DSS}(1-\frac{U_{GS}}{U_P})^2$（当 $V_p\leqslant v_{GS}\leqslant 0$ 时）

又因为对于图 3-3-1 的电路有

$$U_{GS}=-(i_DR-\frac{R_{g2}U_{DD}}{R_{g1}+R_{g2}})$$

故确定 Q 点时，可对以上两式联立求解。

三、实验器材

1. 直流稳压电源；2. 函数信号发生器；3. 示波器；4. 数字万用表；5. 计算机及其仿真软件。

四、实验预习

1. 复习场效应管的工作原理和性能特点。
2. 复习使用、创建、编辑仿真实验电路的方法。

五、实验内容

1. 创建图 3-3-1 所示的结型场效应管共源放大电路，结型场效应管取理想模式。用信号发生器产生频率为 1 kHz、幅度为 10 mV 的正弦信号。

2. 打开仿真开关，用示波器观察场效应管放大电路的输入波形和输出波形。测量输出波形的幅值，计算电压放大倍数。

3. 与实验一晶体管单级放大器比较测量输入输出电阻，仿真分析温度对静态工作点、电压放大倍数和通频带的影响。

六、实验报告

1. 认真完成实验，整理并核对实验数据。
2. 回答思考题。
3. 列出场效应管放大器与双极性晶体管放大器的不同点。

七、思考题

1. 场效应管放大器和双极性晶体管放大器比较，有什么优点？
2. 场效应管放大器有哪几种基本的组态？

实验四　集成电路 *RC* 正弦波振荡器

一、实验目的

1. 学习 *RC* 正弦波振荡器的组成及其振荡条件。
2. 学习如何设计、调试上述电路和测量电路输出波形的频率、幅度。

二、实验原理

RC 桥式正弦波振荡电路，也称为文氏桥振荡电路。是最具典型性的 *RC* 正弦波振荡电路。下面简述其工作原理。

1. *RC* 串并联选频网络

将电阻 R_1 与电容 C_1 串联、电阻 R_2 与电容 C_2 并联所组成的如图 3-4-1 所示网络称为 *RC* 串并联选频网络。通常，选取 $R_1=R_2=R, C_1=C_2=C$。因为 *RC* 串并联选频网络在正弦波振荡电路中既是选频网络，又是正反馈网络，所以其输入电压为 $\dot{U}_O$，输出电压为 $\dot{U}_f$。

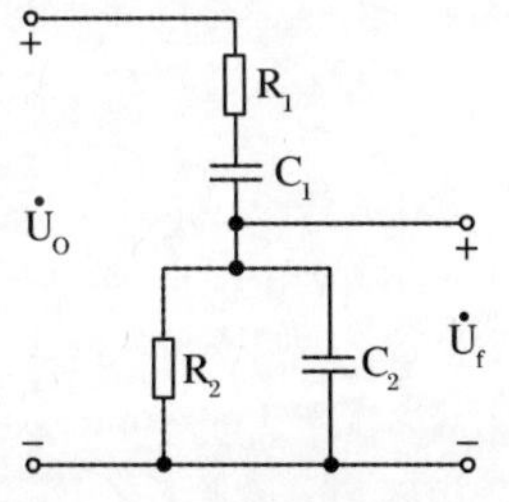

图 3-4-1　*RC* 串并联选频网络

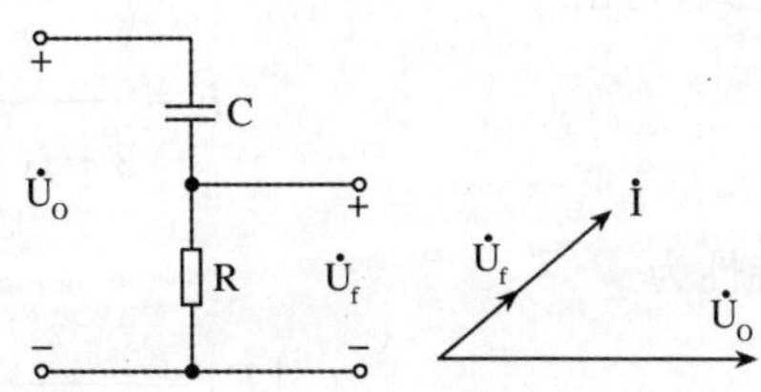

图 3-4-2　低频段等效电路及其相量图

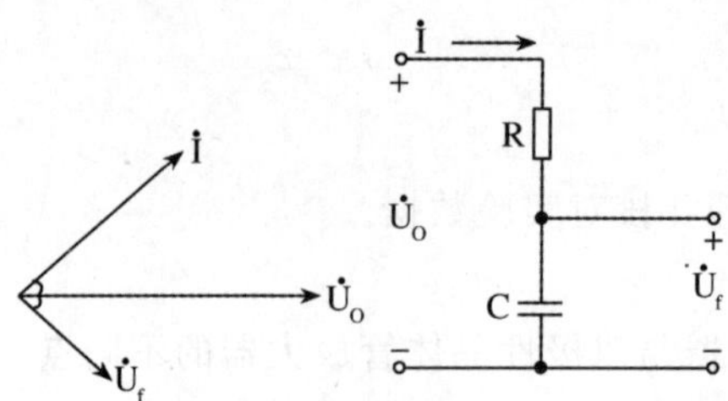

图 3-4-3 高频段等效电路及其相量图

当信号频率足够低时，$\frac{1}{wc}\gg R$，因而网络的简化电路及其电压和电流的相量图如图 3-4-2 所示。$\dot{U}_f$ 超前 $\dot{U}_O$，当频率趋近于零时，相位超前趋近于$+90°$，且$|\dot{U}_f|$趋近于零。

当信号频率足够高时，$\frac{1}{wc}\ll R$，因而网络的简化电路及其电压和电流的相量图如图 3-4-3 所示。$\dot{U}_f$ 滞后 $\dot{U}_O$，当频率趋近于无穷大时，相位滞后趋近于$-90°$，且$|\dot{U}_f|$趋近于零。

可以想象，当信号频率从零逐渐变化到无穷大时，$\dot{U}_f$ 的相位将从$+90°$逐渐变化到$-90°$。因此，对于 RC 串并联选频网络，必定存在一个频率 f_0，当 $f=f_0$ 时，$\dot{U}_f$ 与 $\dot{U}_O$ 同相。通过以下计算，可以求出 RC 串并联选频网络的频率特性和 f_0。

$$\dot{F}=\frac{\dot{U}_f}{\dot{U}_O}=\frac{R/\!/\frac{1}{jwC}}{R+\frac{1}{jwC}+R/\!/\frac{1}{jwC}}$$

整理，可得

$$\dot{F}=\frac{1}{3+j(wRC-\frac{1}{wRC})}$$

令 $w_0=\frac{1}{RC}$，则

$$f_0=\frac{1}{2\pi RC} \tag{3-4-1}$$

代入上式，得出

$$\dot{F}=\frac{1}{3+j(\frac{f}{f_0}-\frac{f_0}{f})} \tag{3-4-2}$$

幅频特性为

$$|\dot{F}|=\frac{1}{\sqrt{3^2+(\frac{f}{f_0}-\frac{f_0}{f})^2}} \tag{3-4-3}$$

相频特性为

$$\varphi_F = -\arctan\frac{1}{3}\left(\frac{f}{f_0}-\frac{f_0}{f}\right) \tag{3-4-4}$$

根据式(3-4-3)、(3-4-4)画出的 $\dot{F}$ 的频率特性，如图 3-4-4 所示。当 $f=f_0$ 时，$\dot{F}=\frac{1}{3}$，即 $|\dot{U}_f|=\frac{1}{3}|\dot{U}_O|$，$\varphi_F=0°$。

2. *RC* 桥式正弦波振荡电路

根据正弦波振荡的平衡条件 $\dot{A}\dot{F}=1$，因为当 $f=f_0$ 时，$\dot{F}=\frac{1}{3}$，所以 $\dot{A}=\dot{A}u=3$ (3-4-5)

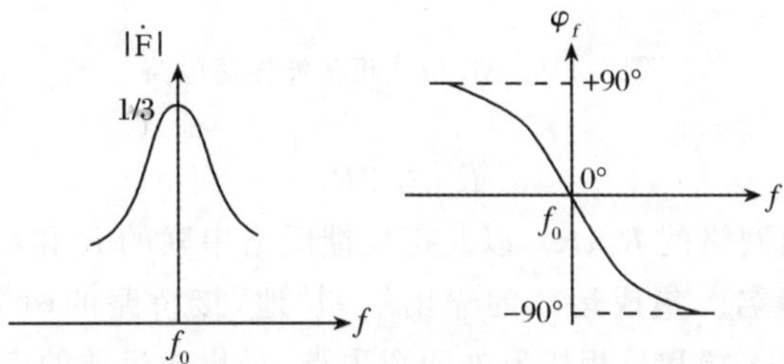

图 3-4-4 *RC* 串并联选频网络的频率特性

式(3-4-5)表明，只要为 *RC* 串并联选频网络匹配一个电压放大倍数等于 3(即输出电压与输入电压同相，且放大倍数的数值为 3)的放大电路就可以构成正弦波振荡电路，如图 3-4-5 所示。考虑到起振条件，所选放大电路的电压放大倍数应略大于 3。

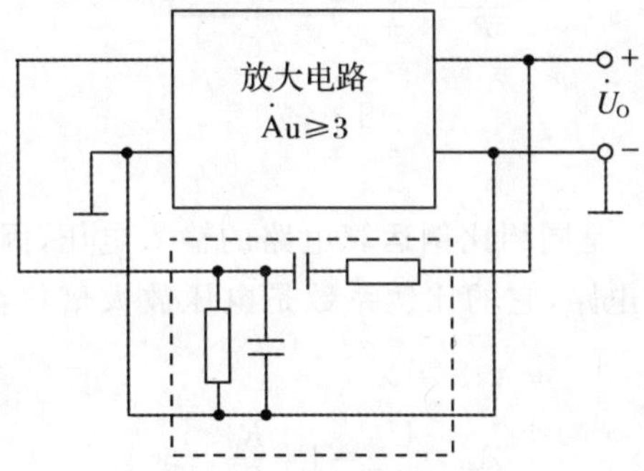

图 3-4-5 *RC* 串并联选频正弦波振荡电路

从理论上讲，任何满足放大倍数要求的放大电路与 *RC* 串并联选频网络都可以组成正弦波振荡电路；但是，实际上，所选用的放大电路应具有尽可能大的输入电阻和尽可能小的输出电阻，以减少放大电路对选频特性的影响，使振荡频率几乎仅仅决定于选频网络。因此，通常选用引入电压串联负反馈的放大电路，如同相比例运算电路。

由 *RC* 串并联选频网络和同相比例运算电路所构成的 *RC* 桥式正弦波振荡电路如图 3-4-6 所示。

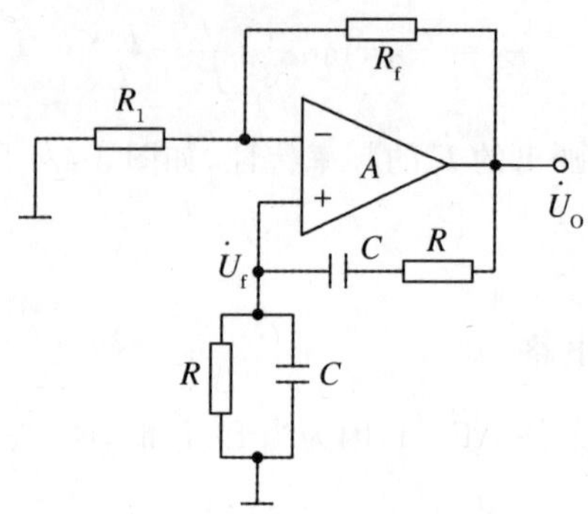

图 3-4-6 *RC* 桥式正弦波振荡电路

$$R_f \geqq 2R_1 \tag{3-4-5}$$

观察电路，负反馈网络的 R_1、R_f，以及正反馈网络串联的 R 和 C、并联的 R 和 C 各为一臂构成桥路，故此得名。集成运放的输出端和“地”接桥路的两个顶点作为电路的输出；集成运放的同相输入端和反相接另外两个顶点，是集成运放的净输入电压；如图 3-4-7 所示。

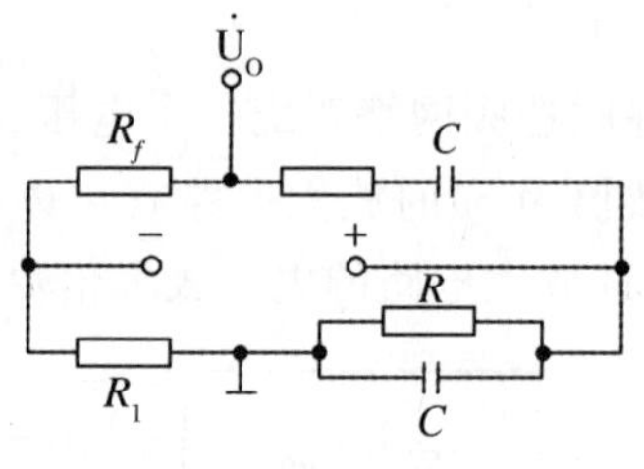

图 3-4-7

正反馈网络的电压 $\dot{U}_f$ 是同相比例运算电路的输入电压，因而要把同相比例运算电路作为整体看成电压放大电路，它的比例系数是电压放大倍数，根据起振条件和幅值平衡条件

$$\dot{A}u = \frac{\dot{U}_O}{\dot{U}_f} = 1 + \frac{R_f}{R_1} \geqslant 3 \tag{3-4-6}$$

R_f 的取值要略大于 $2R_1$。应当指出，由于 U_O 与 U_f 具有良好的线形关系，所以为了稳定输出电压的幅值，一般应在电路中加入非线性环节。例如，可选用 R_1 为正温度系数的热敏电阻，当 U_O 因某种原因而增大时，流过 R_f 和 R_1 上的电流增大，R_1 上的功耗随之增大，导致温度升高，因而 R_1 的阻值增大，从而使得 $\dot{A}u$ 数值减少，U_O 也就随之减少；当 U_O 因某种原因而减少时，各物理量与上述变化相反，从而使输出电压稳定。当然，也可选用 R_f 为负温度系数的热敏电阻。

此外，还可在 R_f 回路串联两个并联的二极管，如图 3-4-8 所示，利用电流增大时二极

管动态电阻减少、电流减少时二极管动态电阻增大的特点，加入非线性环节，从而使输出电压稳定。此时比例系数为

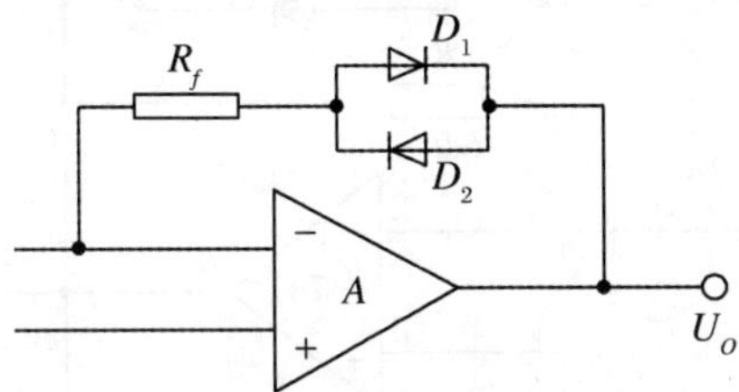

图 3-4-8　利用二极管作为非线性环节

$$\dot{A}u=1+\frac{R_f+rd}{R_1} \tag{3-4-7}$$

三、实验设备

1. 直流稳压电源；2. 函数信号发生器；3. 示波器；4. 数字万用表；5. 数字毫伏表；6. 实验电路板和连接导线；7. 计算机及其仿真软件。

四、实验内容

1. 按图 3-4-9 接线（1、2 两点接通）。本电路为文氏电桥 RC 正弦波振荡器，可用来产生频率范围宽、波形较好的正弦波。电路由放大器和反馈网络组成。

2. 有稳幅环节的文氏电桥振荡器

（1）接通电源，用示波器观测有无正弦波电压 U_O 输出。若无输出，可调节 R_P，使 U_O 为无明显失真的正弦波，并观察 U_O 值是否稳定。用交流数字电压表测量 U_O 和 U_f 的有效值，填入表 3-4-1 中

表 3-4-1

U_O(V)	U_f(V)

（2）观察在 $R_3=R_4=10\ \text{k}\Omega$、$C_1=C_2=0.01\ \mu\text{F}$ 和 $R_3=R_4=10\ \text{k}\Omega$、$C_1=C_2=0.02\ \mu\text{F}$ 两种情况下（输出波形不失真），测量 V_O 及 f_0，填入表 3-4-2 中，并与计算结果比较。

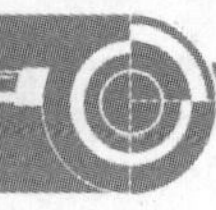

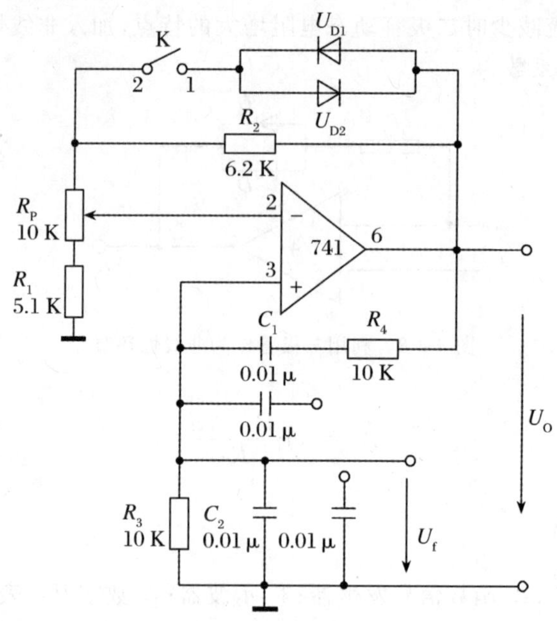

图 3-4-9　文氏电桥 RC 正弦波振荡器

有稳幅环节的文氏电桥振荡器

表 3-4-2

测试条件	$R=10$ k		$C=0.01$ μF		$R=10$ k		$C=0.02$ μF	
测试项目	U_O(V)		f_0(kHz)		U_O(V)		f_0(kHz)	
测量值	最小	最大	最高	最低	最小	最大	最高	最低

3. 无稳幅环节的文氏电桥振荡器

断开 1、2 两点的接线，接通电源，调节 R_P，使 U_O 输出为无明显失真的正弦波，测量 U_O 和 f_O，填入表 3-4-3 中，并与计算结果比较。

无稳幅环节的文氏电桥振荡器

表 3-4-3

测试条件	$R=10$ k		$C=0.01$ μF		$R=10$ k		$C=0.02$ μF	
测试项目	U_O(V)		f_0(kHz)		U_O(V)		f_0(kHz)	
测量值	最小	最大	最高	最低	最小	最大	最高	最低

五、实验报告

1. 整理实验数据，填写表格。

2. 测试 U_O 的频率并与计算结果比较。
3. 完成仿真实验项目和电子实验报告，小结实验关键步骤。

实验五　可控硅调光电路

一、实验目的

1. 学习可控硅和双向二极管的性能，学习可控硅及其双向二极管等元件的应用。
2. 学习可控硅的调光电路的工作原理。

二、实验原理

可控硅是可控硅整流元件的简称，也称晶闸管或闸流管，分单向和双向两种。单向可控硅是一种具有三个PN结的四层结构的大功率半导体器件。可控硅有阳极(A)、阴极(C)和控制极(G)三个电极。分析原理时，可以把它看作由一个PNP管和一个NPN管所组成，其等效图解如图3-5-1所示。

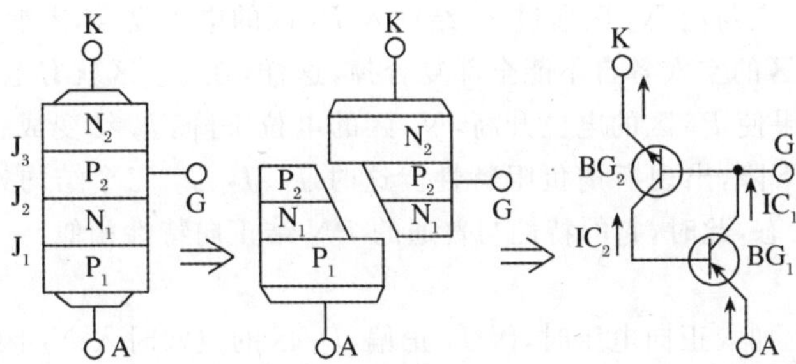

图 3-5-1　可控硅等效图解图

当阳极 A 与阴极 K 间加上正向电压时，$BG1$ 和 $BG2$ 管均处于放大状态。此时，如果在控制极 G 输入一个正向触发信号，BG_2 便有基流 i_{b2} 流过，经 BG_2 放大，其集电极电流 $i_{c2}=\beta_2 i_{b2}$。因为 BG_2 的集电极直接与 BG_1 的基极相连，所以 $i_{b1}=i_{c2}$。此时，电流 i_{c2} 再经 BG_1 放大，于是 BG_1 的集电极电流 $i_{c1}=\beta_1 i_{b1}=\beta_1\beta_2 i_{b2}$。这个电流又流回到 BG_2 的基极，使 i_{b2} 不断增大，由于 BG_1 和 BG_2 所构成的正反馈作用，使两个管子的电流剧增，可控硅饱和导通。一旦可控硅导通后，即使断开控制极 G 的触发信号，可控硅仍然能够维持导通状态，因此触发信号只起触发可控硅导通的作用。

由于可控硅的导通与否是可控的，因此它具有开关特性。可控硅导通和关断条件如下表所示。

表 3-5-1　可控硅导通和关断条件

状态	条件	说明
从关断到导通	1. 阳极电位高于是阴极电位 2. 控制极有足够的正向电压和电流	两者缺一不可
维持导通	1. 阳极电位高于阴极电位 2. 阳极电流大于维持电流	两者缺一不可
从导通到关断	1. 阳极电位低于阴极电位 2. 阳极电流小于维持电流	任一条件即可

1. 反向特性

当控制极开路，阳极加上反向电压时，J_2 结正偏，但 J_1、J_2 结反偏。此时只能流过很小的反向饱和电流，当电压进一步提高到 $J1$ 结的雪崩击穿电压后，J_3 结也击穿，电流迅速增加。此时，可控硅永久性反向击穿。

2. 正向特性

当控制极开路，阳极上加上正向电压时，J_1、J_3 结正偏，但 J_2 结反偏，这与普通 PN 结的反向特性相似，也只能流过很小电流，这叫正向阻断状态。由于电压升高到 J_2 结的雪崩击穿电压后，J_2 结发生雪崩倍增效应，在结区产生大量的电子和空穴，电子进入 N_1 区，空穴时入 P_2 区。进入 N_1 区的电子与由 P_1 区通过 J_1 结注入 N_1 区的空穴复合，同样，进入 P_2 区的空穴与由 N_2 区通过 J_3 结注入 P_2 区的电子复合，雪崩击穿，进入 N_1 区的电子与进入 P_2 区的空穴各自不能全部复合掉，这样，在 N_1 区就有电子积累，在 P_2 区就有空穴积累，结果使 P_2 区的电位升高，N_1 区的电位下降，J_2 结变成正偏，只要电流稍增加，电压便迅速下降，出现所谓负阻特性。这时 J_1、J_2、J_3 三个结均处于正偏，可控硅便进入正向导通状态，此时，它的特性与普通的 PN 结正向特性相似。

3. 触发导通

在控制极 G 上加入正向电压时，因 J_3 正偏，P_2 区的空穴时入 N_2 区，N_2 区的电子进入 P_2 区，形成触发电流 IG。

双向可控硅具有两个方向轮流导通，关断的特性。双向可控硅实质上是两个反相并联的单向可控硅，是由 NPNPN 五层半导体形成的四个 PN 结构成，有三个电极的半导体器件。由于主电极是对称的(都从 N 极引出)，所以它的电极不像单向可控硅分别叫阴极和阳极，而是把与控制极相近的叫做第一电极 A_1，另一叫做第二电极 A_2。双向可控硅的主要缺点是承受电压上升的能力较低，这是因为双向可控硅在一个方向导通结束时，硅片在这个层中的载流子还没有回到截止状态的位置，必须采取相应的保护措施。双向可控硅主要用于交流控制电路，如灯光控制、防暴交流开关等。

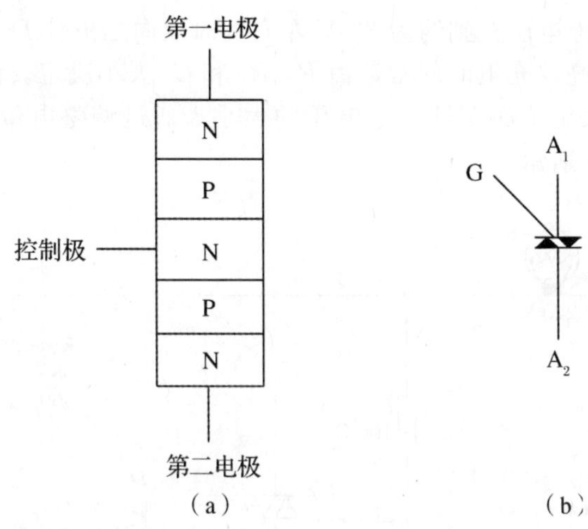

图 3-5-2 双向触发可控硅构造与符号示意图

双向触发二极管是与双向晶闸管同时问世的，常用来触发晶闸管。它的构造示意图如图 3-5-3(①)，符号如图 3-5-3(②)，等效电路如图 3-5-3(③)，可等效于基极开路、发射极与集电极对称的 NPN 型晶体管。因此完全可用二只 NPN 晶体管如图 3-5-3(④)连接来替代。双向触发二极管正、反向伏安特性(见图 3-5-3⑤)几乎完全对称。当器件两端所加电压 U 低于正向转折电压 $U(B_0)$时，器件呈高阻态。当 $U>U(B_0)$时，管子击穿导通进入负阻区。同样当 U 大于反向转折电压 $U(BR)$时，管子同样能进入负阻区。转折电压的对称性用$\triangle U(B)$表示。$\triangle U(B)=U(B0)-U(BR)$。一般$\triangle U(B)$应小于 2 伏。双向触发二极管的正向转折电压值一般有三个等级：20～60 V、100～150 V、200～250 V。由于转折电压都大于 20 V，可以用万用表电阻挡正反向测双向二极管，表针均应不动(R×10 k)，但还不能完全确定它就是好的。检测它的好坏，并能提供大于 250 V 的直流电压的电源，检测时通过管子的电流不要大于是 5 mA。

双向触发二极管除用来触发晶闸管外，还常用在过压保护、定时、移相等电路。

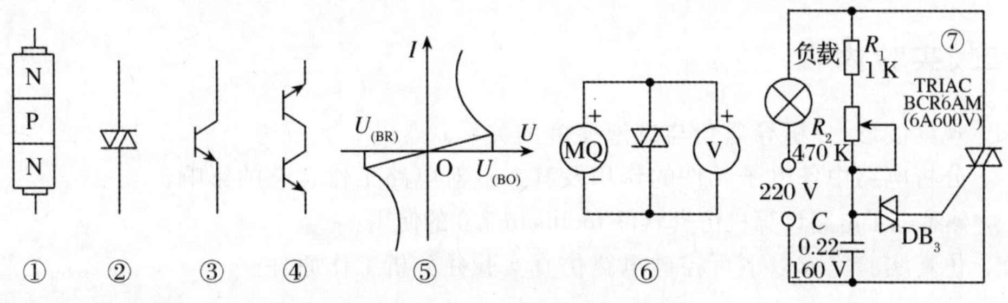

图 3-5-3 双向可控硅调光电路图

下图为双向可控硅调光电路，其工作原理为：接通电源，在正半周时：220 V 经过灯泡

X_1 对 C_1 充电，当 C_1 上电压充到约为 33 V 左右的时双向二极管 D_1 导通，同时触发可控硅导通，此时，灯泡点亮。充电时间常数由 R_3、R_2 和 C_1 大小决定。同时它决定了可控硅导通角的大小，从而决定了加在灯泡上电压的大小。通过调整电位器的值的大小，变化时间常数，从而变化导通角。

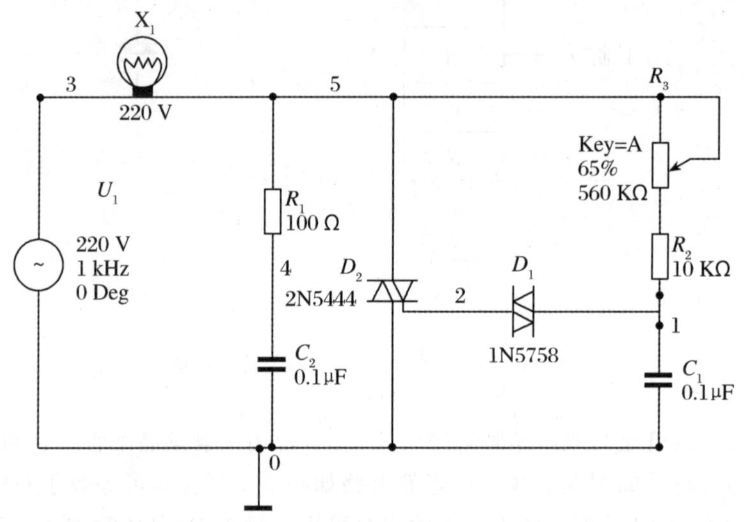

图 3-5-4　双向可控硅调光电路

三、实验器材

1. 直流稳压电源；2. 函数信号发生器；3. 示波器；4. 数字万用表；5. 数字毫伏表；6. 实验电路板和连接导线；7. 计算机及其仿真软件。

四、预习要求

1. 了解可控硅、双向二极管的性能。
2. 了解可控硅、双向二极管的性能在电子技术中的应用。
3. 熟悉电子电路计算机仿真软件 multisim 9.0 的使用。

五、实验内容

1. 观察波形，分析导通角与灯泡亮度的关系。
2. 分析电路中各电子元件的作用及其参数对电路工作状态的影响。
3. 熟悉电子电路计算机仿真软件 multisim 9.0 的使用。
4. 仿真实验完成以下可控硅电路仿真实验并分析工作原理。

六、实验电路

1. 可控硅应用电路实验一

如图 3-5-5 是一个电视机常用的过压保护电路，当 E+ 电压过高时 A 点电压也变高，当它高于稳压管 DZ 的稳压值时 DZ 道通，可控硅 D 受触发而道通将 E+ 短路，使保险丝熔断，从而起到过压保护的作用。

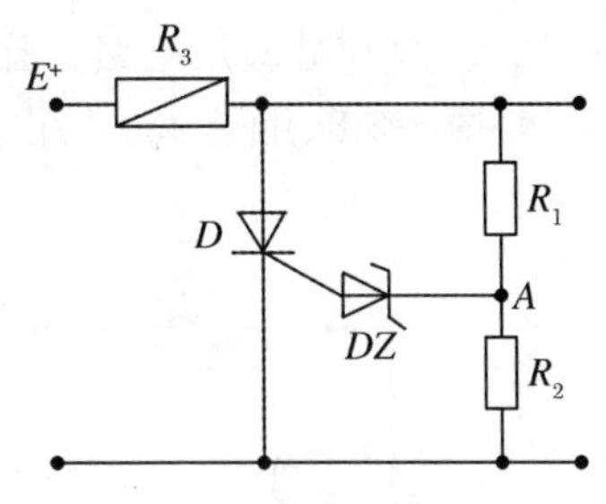

图 3-5-5　可控硅应用电路(一)

2. 可控硅应用电路实验二

如图 3-5-6，是电器中常用电功率无级调整典型电路。是利用 RC 回路控制触发信号的相位。当 R 值较小时，RC 时间常数较小，触发信号的相移 A_1 较小，因此负载获得较大的电功率；当 R 值较大时，RC 时间常数较大，触发信号的相移 A_2 较大，因此负载获得较小的电功率。

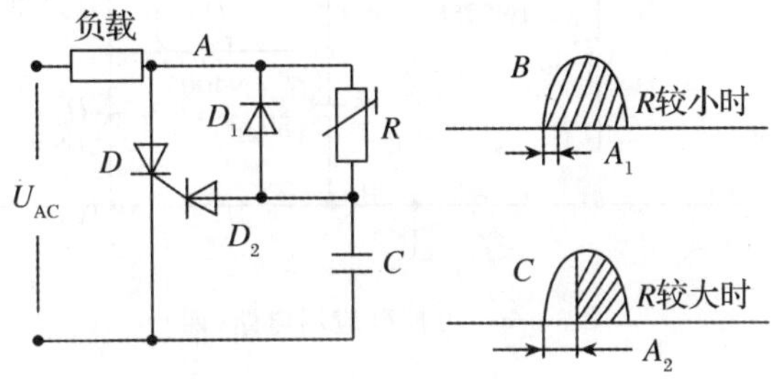

图 3-5-6　可控硅应用电路(二)

3. 可控硅应用电路实验三

图 3-5-6，图 3-5-7 是典型的 120V 可控硅调光器电路图。

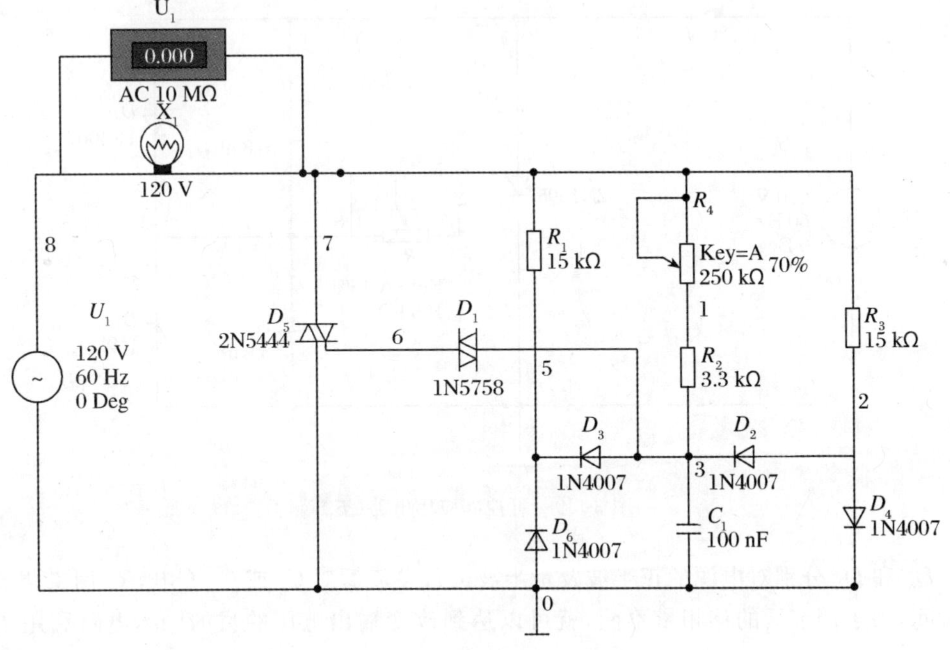

图 3-5-7　可控硅应用电路(三)

4. 可控硅应用电路实验四

图 3-5-8,用于 230 V 白炽灯的大功率双向晶闸管调光器电路图。

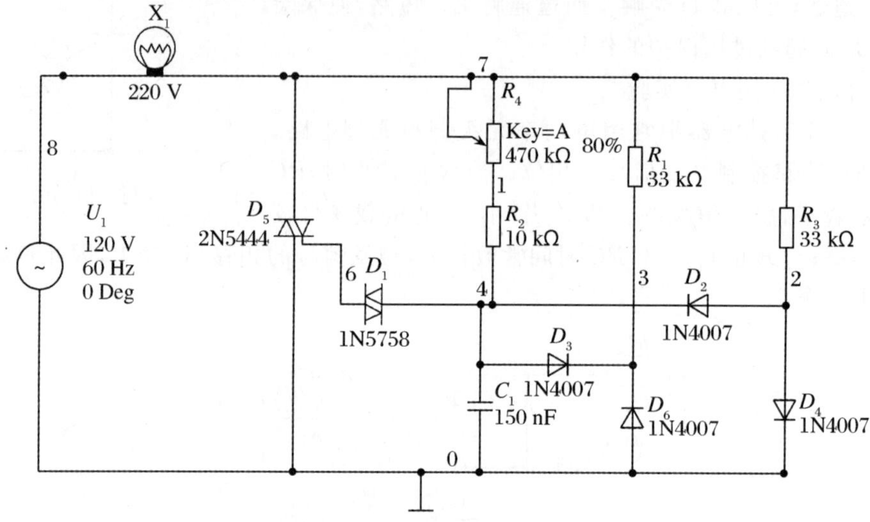

图 3-5-8　可控硅应用电路(四)

5. 可控硅应用电路实验五

图 3-5-9 简易单向晶闸管调光器电路图。

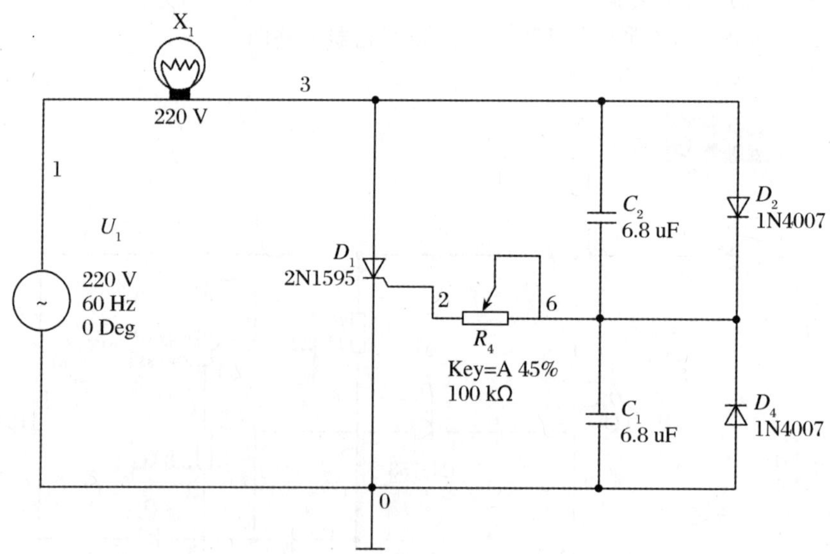

图 3-5-9　可控硅应用电路(五)

D_2 和 D_4 分别对电源的正半波及负半波进行整流后对 C_1 或 C_2 充电,R_4 用来调节触发时间,由于调节后的移相量不同,就可以达到改变输出电压的目的。本电路利用了电容器在正弦波交流电路中的电压与电流相位差最大为 90°这一原理，实际使用中比常规的 *RC* 串联电路更稳定。

6. 可控硅应用电路实验六

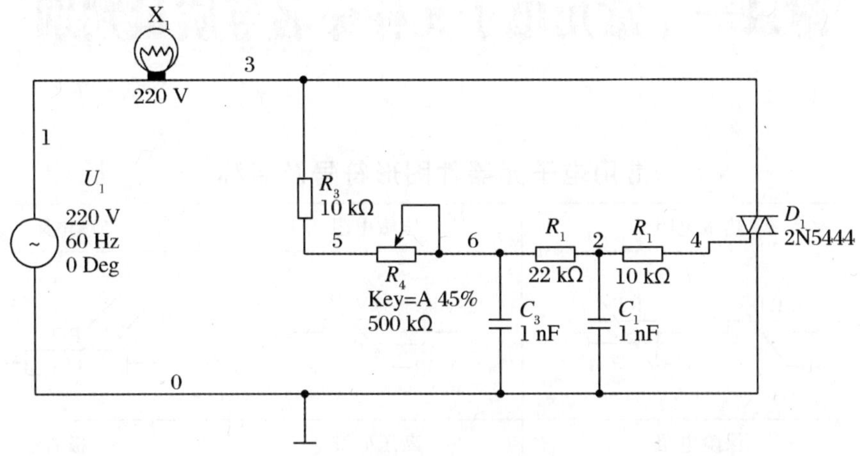

图 3-5-10　可控硅应用电路(六)

七、实验报告

1. 描画不同参数时的波形。
2. 分析双向可控硅、双向二极管在电子技术中应用的工作原理。
3. 熟悉电子电路计算机仿真软件 Multisim 9.0 的使用。

附录一　常用电子元件命名与质量判别

常用电子元器件图形符号及名称

名称	热敏电阻	压敏电阻	光敏电阻
符号	RT +t　RT −t	RV VOR	RG
名称	保险电阻	高压硅堆	二极管
符号	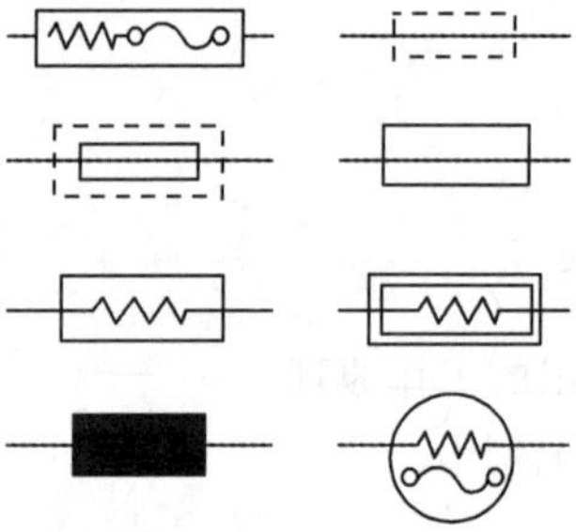	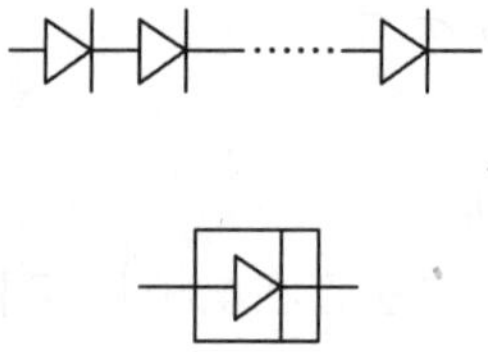	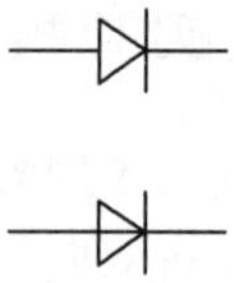
名称	发光二极管	稳压二极管	变容二极管
符号	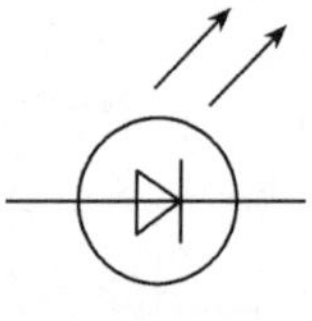	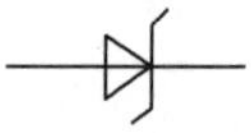	
名称	单结晶体管(双基极晶体管)	晶体三极管	结型场效应管
符号	c B_2 B_1		G D S (N沟道)　G D S (P沟道)

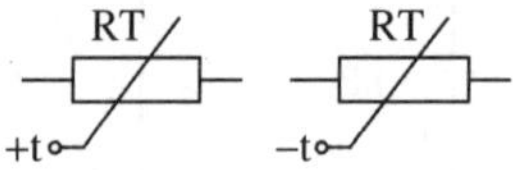

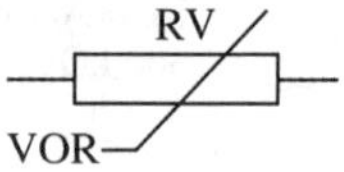

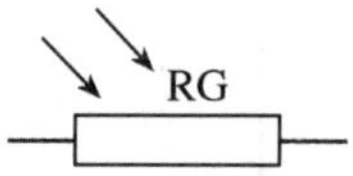

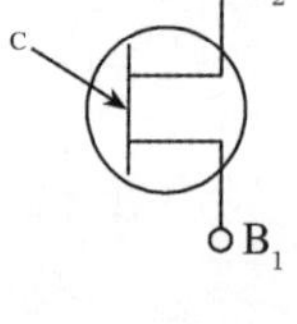

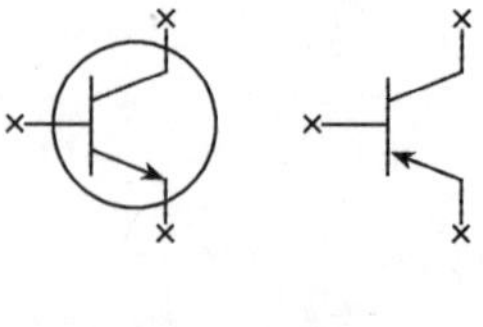

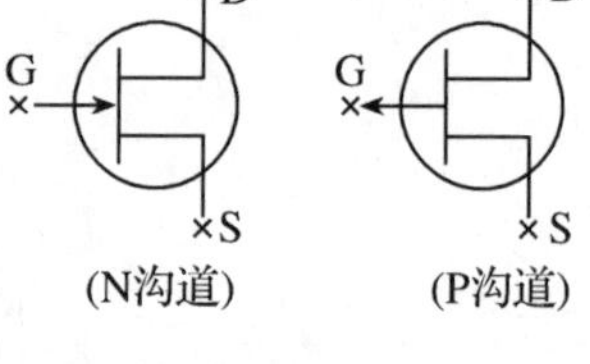

名称	绝缘栅型场效应管		可控硅(晶闸管)
符号	D G S　D G S　D G S　D S		A G K　G T_2
名称	红外发光管	红外接收管	电阻器
符号			
名称	阻尼三极管	桥堆	带阻晶体管
符号	c b e 1 2 3 R_2 20 Ω		c b e R_1 R_2 1 2

直流电	指示灯	电位器
交流电	喇叭	微调电阻
交直流电	拾音器	电解电容器
接地	传声器	可变电容器　电容
单刀单掷开关	双刀双掷开关	录音磁头
双刀单掷开关	单刀双掷开关	录放磁头
耳机	天线	抹音磁头

各种功率的电阻器在电路图中的表示方法

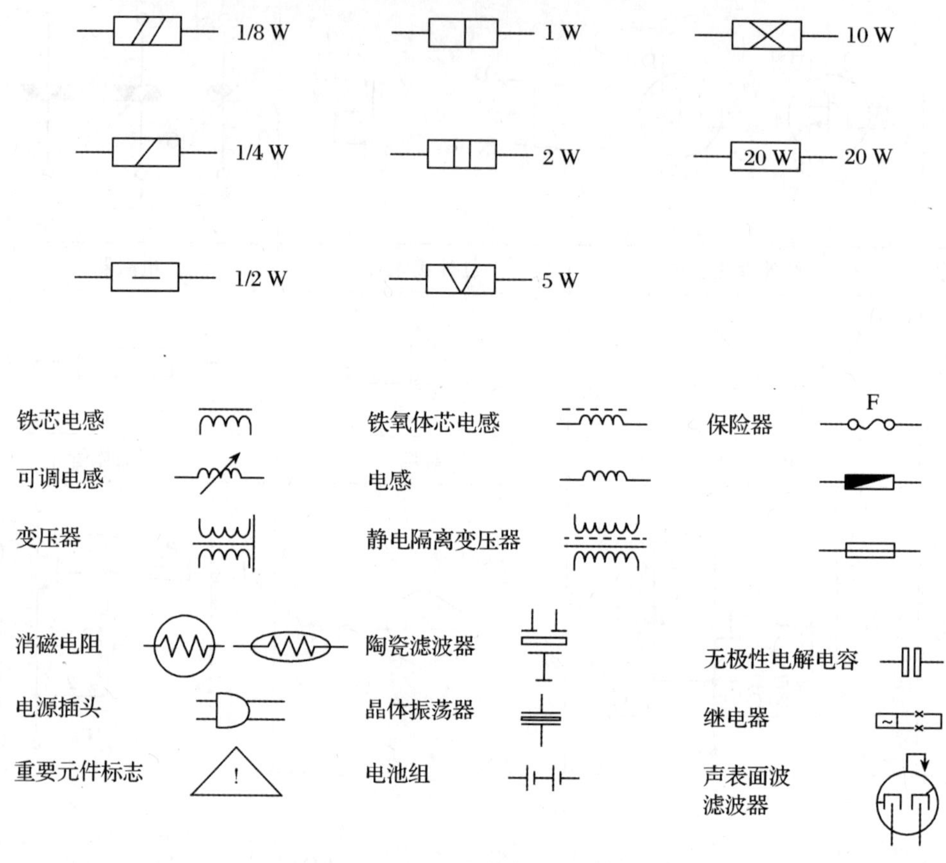

常见带阻管符号

三洋、日电、丰泽、罗兰士、高士达

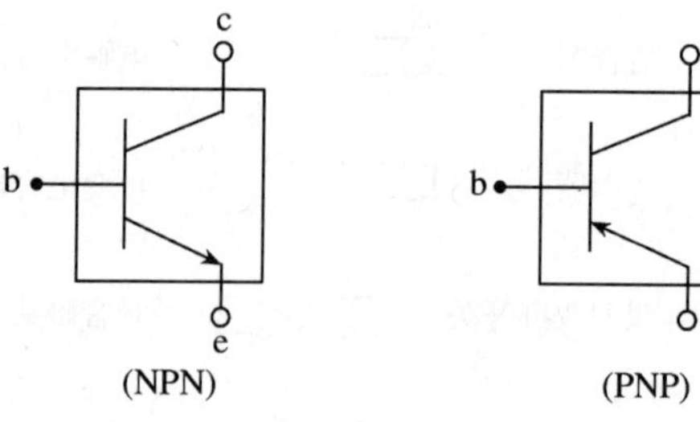

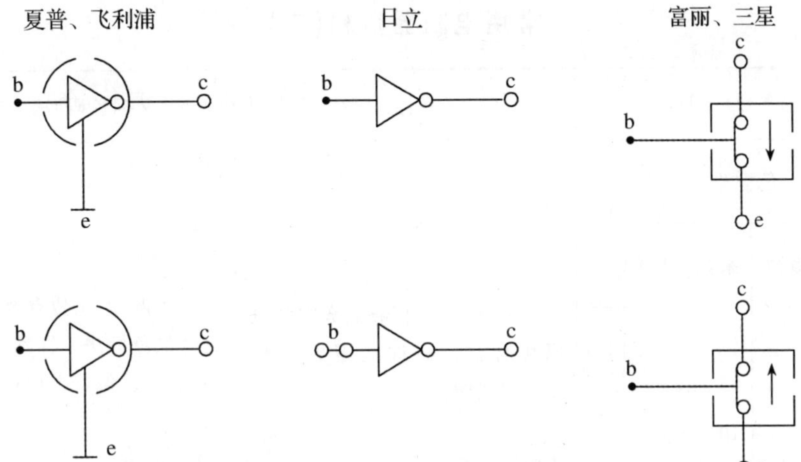

常用电阻器资料(一)

名称代号 参数和特点	RT 型 碳膜电阻	RJ 型 金属膜电阻	碳质电阻	RX 型 线绕电阻	水泥和 珐琅电阻	片状电阻
主要特点	体积小、重量轻、稳定性较高、售价低，用途广泛	耐高温，在相同额定功率下体积仅为碳膜的 1/2、稳定性更高	俗称实心电阻，重量轻、稳定性较差，工作时热噪声较大，售价便宜	额定功率大，阻值准确、稳定性较好，该类电阻又分成固定式和可调式两种	一般由线绕电阻以水泥包装而成，耐热性好，高频特性不好	无引线脚，端面为电极，外形整齐，占用空间小，分布电容和电感小
额定功率(W)	1/8、1/4、1/2、1、2、5、10		1/16—1 (常用)	5、7、15、20、25、50、75、150	1—100	0.125、0.1、0.068
标称电阻的基数	I 级(±5%)：1.0、1.1、1.2、1.3、1.5、1.6、1.8、2.0、2.2、2.4、2.7、3.0、3.3、3.6、3.9、4.3、4.7、5.1、5.6、6.2、6.8、7.5、8.2、9.1 II 级(±10%)：1.0、1.1、1.2、1.5、1.8、2.2、2.7、3.3、3.9、4.7、5.6、6.8、8.2 III 级(±20%)：1.0、1.5、2.2、3.3、4.7、6.8 注：基数×1、10、100……等于电阻器的阻值(Ω)					

常用电阻器资料(二)

技术参数标识法			
色标法			
颜色	有效数	乘数	误差(%)
银	—	10^{-2}	±10
金	—	10^{-1}	±5
黑	0	10^{0}	—
棕	1	10^{1}	±1
红	2	10^{2}	±2
橙	3	10^{3}	—
黄	4	10^{4}	—
绿	5	10^{5}	±0.5
蓝	6	10^{6}	±0.2
紫	7	10^{7}	±0.1
灰	8	10^{8}	—
白	9	10^{9}	—
无	—	—	±20

直标法、文字符号法和色标(又标色码)法

实例:1.两位有效数字的电阻色标法。标称电阻为 1800 Ω,允许偏差±5%

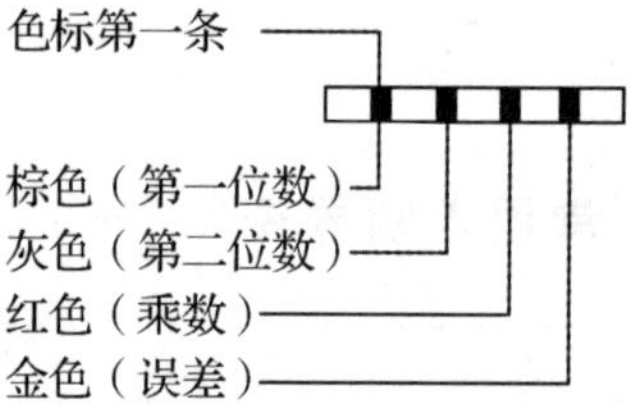

色标第一条
棕色(第一位数)
灰色(第二位数)
红色(乘数)
金色(误差)

实例:2.三位有效数字的五色电阻色标法。标称电阻为 1.75 Ω,允许偏差±1%

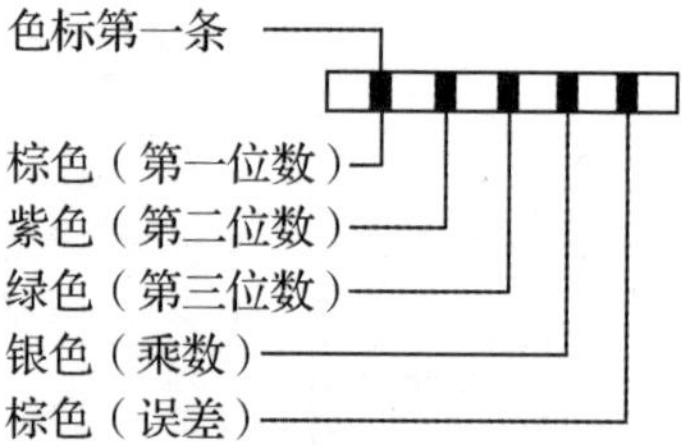

色标第一条
棕色(第一位数)
紫色(第二位数)
绿色(第三位数)
银色(乘数)
棕色(误差)

1.我国的电阻器的误差等级分成五个,即±20%、±10%、±5%、0.5 级(误差为±0.5%)、01 级(误差为±1%),后两种常用于测量电路中。

2.选用电阻器对其额定功率应比它在电路中实际消耗的功率大 1.5～2 倍为好,以保证它在电路中能可靠地工作。

3.片状电阻阻值范围为几欧至四兆欧以下,常在保护层面标志出阻值大小,并用三位数字表示。前两位表示标称阻值的有效数字,第三位表示 0 的个数或用 R 表示小数点。

4.使用时,若需标称阻值以外的电阻,可用标称电阻串并联后得到,也可向厂家订购。

常用特种电阻资料(三)

名称代号	RT型热敏电阻	TV型压敏电阻	RC型光敏电阻	RF型保险电阻
主要特性	正温度系数热敏电阻(俗称PTC元件),常温下只有几欧至几十欧阻值,当通过的电流超过额定值时,其阻值能在几秒钟内升到数百欧乃至数千欧以上。负温度系数热敏电阻(俗称NTC元件)在常温下呈高阻几十欧至数千欧。当温度升高(或通过它的电流增大时)其阻值急剧下降,其功率范围为:1/8W～1W。	若电压超过压敏电压VomA时,其阻值迅速减小,电流增大,因而可抑制瞬时过电压。	电阻值与光照强度有关,光照愈强,阻值愈小。一般无光照时阻值达几十千欧以上,受光照时阻值降为几百乃至几十欧。	在额定电流内,起固定电阻作用。当通过的电流超过额定电流时,电阻丝温度迅速升高,达500℃电阻丝立即剥落熔断以切断需保护的电路。其阻值范围在零点几欧至数十、乃至数百欧,功率一般在1/8W～20W。
用途	正温度系数热敏电阻常用于电机启动电路、彩电消磁电路、自动保险丝电路。负温度系数热敏电阻常用于温度补偿及温度控制电路中。如:作晶体管的偏置电阻,以稳定晶体管的工作点,在电子温度计及自动控温系统中(如空调、冰箱)作感温元件。	常用来防止家电产品或电子设备中的瞬时过电压,如显像管灯丝电路、整流电路和电源,防雷击电路和需要防止过电压的电路中。	主要用于光控开关计数电路及各种光电自动控制系统中。	用在各种需要限流输出的电源电路中,用来保护电源或负载不至于过流而损坏。

常用电容器资料

名称	铝电解电容器	钽电解电容器	有机膜电容器	瓷介质电容器	独石电容器	可变电容器
主要特性	容量范围大,介质损耗和容量误差大,耐高温性能差,有极性之分。	容量较大,介质损耗小,耐压不高,特性比铝电解好,有极性之分。漏电小,售价高。	种类较多,如涤纶膜、聚丙烯膜、取苯乙烯膜等。介质损耗小,漏电小,容量范围不大。售价与容量大小和耐压有关。	容量范围不大,介质损耗小,容量误差较大,容量 50 pF 以下有温度补偿作用。售价低。	由陶瓷叠片切割而成。体积/容量之比小,介质损耗小,容量误差较大,Q值高,工作电压不高。	有空气和多元乙烯膜作介质的可变电容器。容量范围小,介质损耗小,此外尚有容量范围更小的微调电容器。
常用电容量范围	0.47～10 000 μF	0.1～220 μF	1 000 pF～20 μF	0.5 pF～0.47 μF	0.01～2 μF	500 pF 以下
常用耐压范围	3～500 V	3～50 V	50～500 V 特殊的更高	50～500 V 特殊的更高	50～160 V	由可变电容器结构决定
主要用途	电源滤波和低频电路用。	用于低频电路和时间常数电路。	信号耦合,旁路作用,定时电路等,工作频率不高。	高频信号旁路和耦合,微分电路,中和作用。	信号耦合,信号旁路,有源滤波等。	高频调谐,在高频电路中用作分布电容的调整。
电容量值和误差表示法	1. 容量和误差直标表示法,如电解电容器、有机膜电容器上标的容量和误差值。 2. 容量数字符号表示法,以瓷介电容为列,标记三位数字,前两位代表数字,第三位代表数字后面零的个数,点用“R”表示,单位为 pF。 3. 容量误差字母表示法,以瓷介电容器为例,常用字母 M(±20%)、K(±10%)、J(±5%)。					

电感元件和变压器资料

		电感元件		变压器
		可调、固定电感		阻流圈
高频		调频收音机振荡线圈 黑白电视机机械高频头线圈	高频扼流圈 色码电感  RFC 	中波、短波之磁棒天线、高频变压器 电子管收音机中、短波天线线圈等 高频变压器及其符号 
中频		彩电色度、亮度延迟线、行线性线圈 录音机之抹音磁头 行偏转线圈 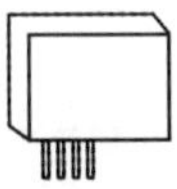		中频变压器:电视中频 38 MHz;伴音中频 31.5 MHz;伴音二中频 6.5 MHz;调频接收一中频 10.7 MHz;调频第二中频、调幅中频 465 kHz。 脉冲变压器、开关电源变压器和行振荡线圈等。 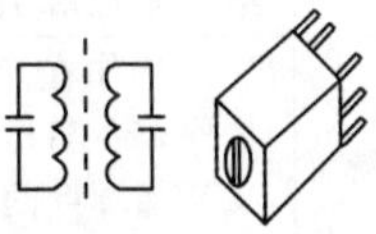
低频	音频	录音机之录音磁头 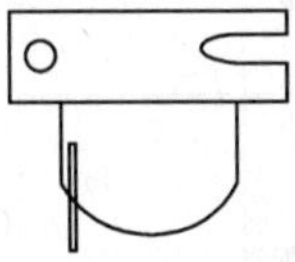		音频输入、输出、线间变压器 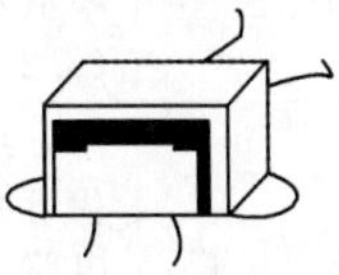
低频	音频	彩电之消磁线圈整流滤波用扼流圈 场偏转线圈日光灯镇流器 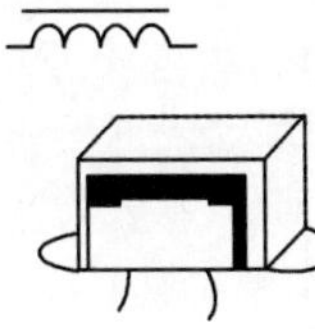		场振荡变压器 电源变压器 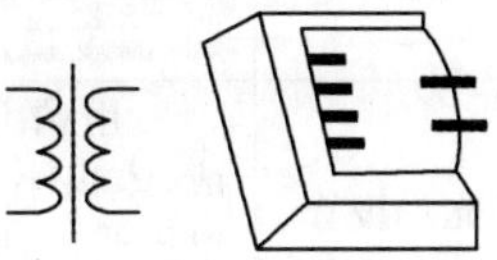

晶体二极管分类资料

类别	特性	符号及外形
整流二极管	面结型，工作频率小于 3 kHz，最高反向电压从 25～3000 V 分 A-X 共 22 挡。分类如下：①硅半导体整流二极管 2CZ。②硅桥式整流器 QL 型。③用于电视机高压硅堆工作频率近 100 kHz 的 2CLG 型。	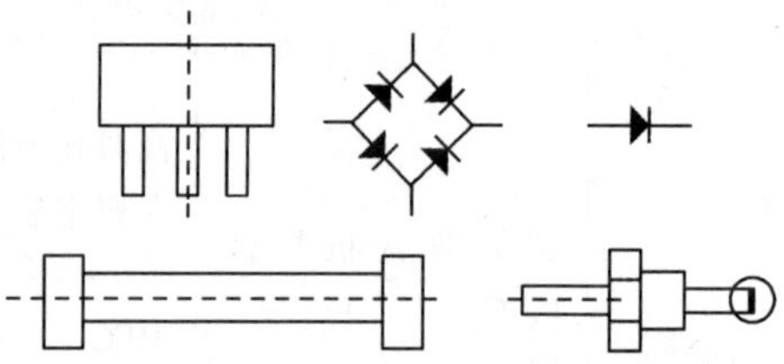
检波二极管	锗材料点接触型、工作频率可达 400 MHz，正向压降小，结电容小，检波效率高，频率特性好，为 2AP 型。	
开关二极管	2AK 型点接触为中速开关电路用；2CK 型平面接触为调整开关电路用；用于开关、限幅、钳位或检波等电路，肖特基（SBD）硅大电流开关，正向压降小、速度快、效率高。	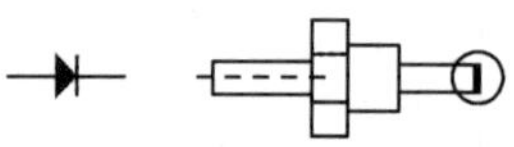
阻尼二极管	具有较高的反向工作电压和峰值电流，正向压降小，高频高压整流二极管，用在电视机行扫描电路作阻尼和升压整流用。	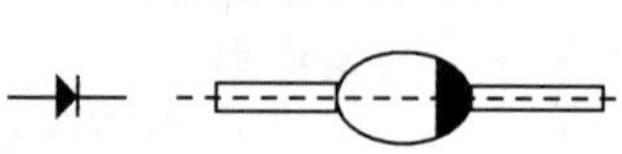
稳压二极管	工作在反向击穿状态，硅材料制作，动态电阻 R_Z 很小，一般为 2CW 型；将两个互补二极管反向串接以减小温度系数则为 2DW 型。	
瞬变电压抑制二极管	TVP 管，对电路进行快速过压保护，分双极型和单极型两种，按峰值功率（500～5000 W）和电压（8.2～200 V）分类。	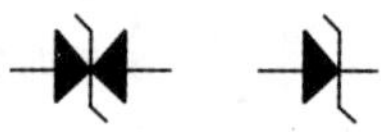
变容二极管	结电容随反向压 V_R 变化，取代可变电容，用作调谐回路、振荡电路、锁相环路，常用于电视机高频头的频道转换和调谐电路，多以硅材料制作。	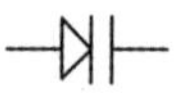
双基极二极管（单结晶体管）	两个基极，一个发射极的三端负阻器件，用于张驰振荡电路，定时电压读出电路中，它具有频率易调、温度稳定性好等优点。	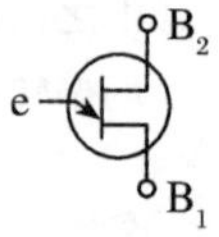 e　B_2　B_1
发光二极管	用磷化镓、磷砷化镓材料制成，体积小，正向驱动发光。工作电压低，工作电流小，发光均匀、寿命长、可发红、黄、绿单色光。	

半导体分立器件命名资料

半导体分立器件若按材料不同可分为硅管和锗管；若按工艺结构分，有点接触、面结型、平面型、金属半导体等。实际使用中多以其应用领域进行分类，而各国和地区的分类方式又不尽相同，下面以表格方式分别刊出我国国标、日本、韩国、欧洲、美国的半导体分立器件的命名法，如果掌握了他们的命名特点后，是不难从三极管所印字母中了解其基本参数的。当然，市面上见到的晶体管也有特殊的情况。一种情况为简化标记。如国产管 3DD01F，只标 DD01F；日本管 2SA1015，只标 A1015；另一种情况是只用数字表示型号，如韩国生产的 9011 等省略了前面的两个字母。

国产半导体分立器件命名法

第一部分		第二部分		第三部分			
用数字表示电极数目		用汉语拼音字母表示材料和极性		用汉语拼音字母表示类型			
符号	意义	符号	意义	符号	意义	符号	意义
2	二极管	A	N 型，锗材料	P	普通管	D	低频小功率管
		B	P 型，锗材料	V	微波管		(fhfb＜3 MHzpc
		C	N 型，硅材料	W	稳压管		＜1W)
		D	P 型，硅材料	C	参量管	A	高频小功率管
3	三极管	A	PNP 型，锗材料	Z	整流器		(Fhfb≥3 MHzpc
		B	NPN 型，锗材料	L	整流堆		＜1W)
		C	PNP 型，硅材料	S	遂道管	T	休效应器件
		D	NPN 型，硅材料	N	阻尼管	B	雪崩管
		E	化合物材料	U	光电器件	J	阶路恢复管
				X	低频小功率管	CS	场效应器件
					(fhfb≥3 MHzpc＜1 W)	BT	半导体特殊器件
				G	高频小功率管	FH	复合管
					(Fhfb≥3 MHzpc＜1 W)	PIN	PIN 型管
						JG	激光器件

第四部分　用数字表示序号

第五部分　用汉语拼音字母表示规格号

注：场效应器件、半导体特殊器件、复合管、PIN 管和激光器件的型号命名只有第三、四、五部分。

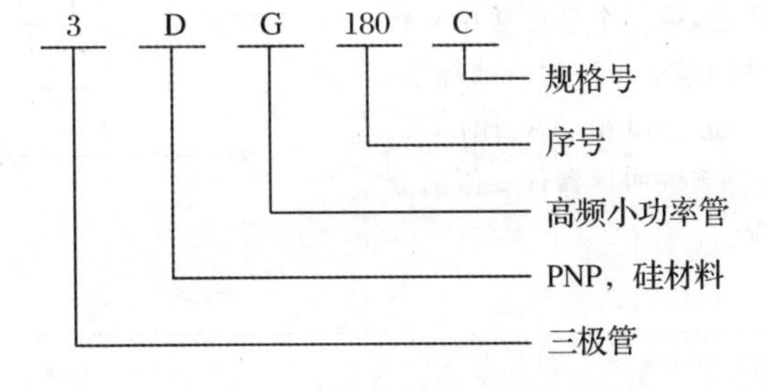

日本半导体分立器件命名法

第一部分		第二部分		第三部分		第四部分		第五部分	
用数字表示电极数目或类型		注册标志		用字母表示使用材料极性和类型		登记号		同一型号的改进型标志	
符号	意义	符号	意义	符号	意义	符号	意义	符号	意义
0 1 3 3 … n－1	光电二极管或三极管及包括上述器件的组合管 二极管 三极管或具有三个电极的其它器件 具有四个有效电极的器件 具有n个有效电极的器件	S	已在日本电子工业协会(JEIA)注册登记的半导体器件	A B C D F G H J K M	PNP高频晶体管 PNP低频晶体管 NPN高频晶体管 NPN低频晶体管 P控制极可控硅 N控制极可控硅 N基极单结晶体管 P沟道场效应管 N沟道场效应管 双向可控硅	多位数字	器件在日本电子工业协会(JEIA)的注册登记号，性能相同，但不同厂家生产的器件或用同一个登记号	A B C C …	表示这一器件是原型号产品的改进型

日本半导体分立器件型号除上述五个基本部分外，有时还附加有后缀字母及符号，以便进一步说明该器件的特点。后缀的第一个字母一般说明器件的特定用途，第二个字母常用来作为器件的某个参数的分档标志，例如日立公司用AA、BB、CC、DD等标志说明该器件β值的分挡情况。

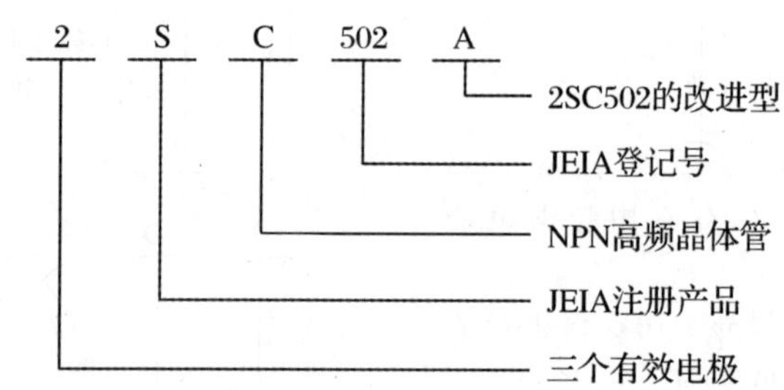

韩国半导体分立器件命名法

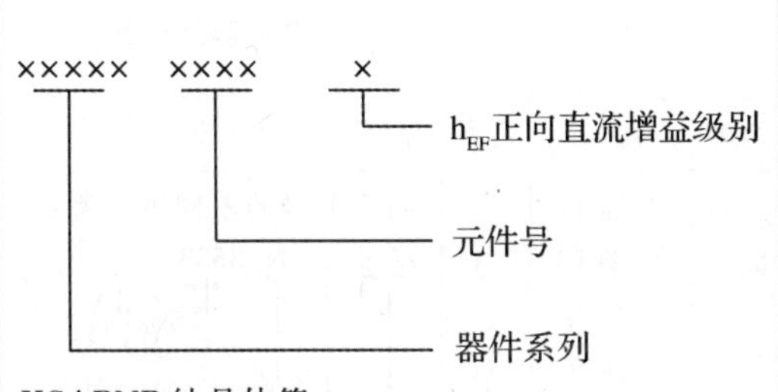

KSAPNP 结晶体管
KSBPNP 结晶体管
KSCNPN 结晶体管
KSDNPN 结晶体管
MMBT 晶体管，SOT-23 封装
MMBTA 晶体管，SOT-23 封装
MMBTH 晶体管，SOT-23 封装

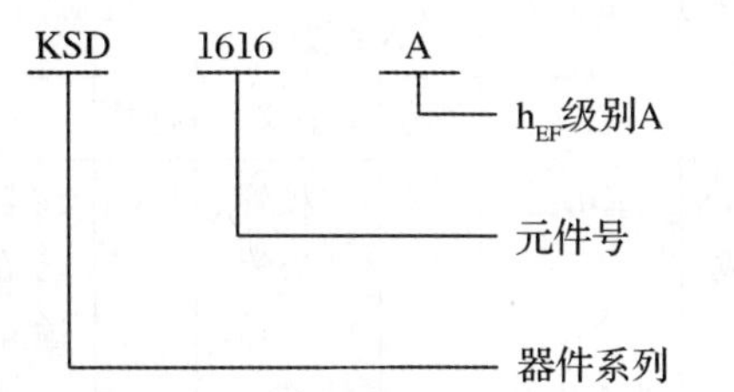

MPS 晶本管，SOT-23 封装
MPSA 晶体管，TO-92 封装
MPSH 晶体管，TO-92 封装
PN 晶体管，TO-92 封装
TIP 双极型晶体管
2N 晶体管
DKS 达林顿晶体管

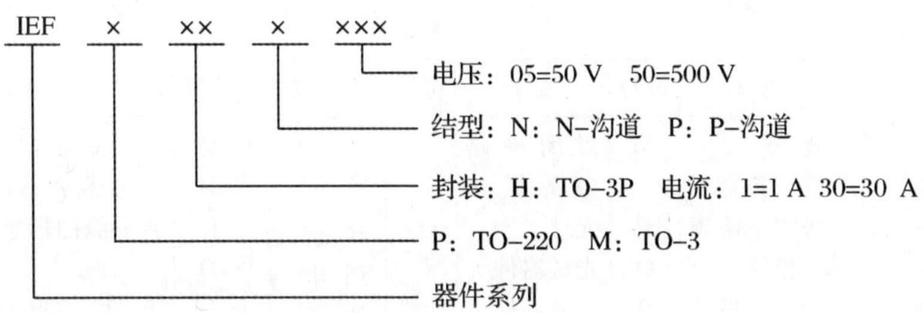

IRF MOS 功率晶体管
IEFA MOS 功率晶体管
IRFP MOS 功率晶体管
IRFP100 至 400 系列：TO-3P 型封装 N—沟道
IRFP9100 至 9200 系列：TO-3P 型封装 P—沟道
IRF500 至 800 系列：TO-220 型封装 N—沟道
IRF9500 至 9600 系列：TO-220 型封装 P—沟道
IRF100 至 400 系列：TO-3 型封装 N—沟道
IRF9100 至 9400 系列：TO-3 型封装 P—沟道
IRFA120：TO-126 型封装 N-沟道

美国半导体分立器件型号命名法

第一部分		第二部分		第三部分		第四部分		第五部分	
符号表示类别		用数字表示PN结数目		注册标记		登记号		用字母表示器件分级	
符号	意义	符号	意义	符号	意义	符号	意义	符号	意义
JAN或J ……	军用品 非军用品	1 2 3 N	二极管 三极管 三个PN结器件 N个PN结器件	N	该器件已在美国电子工业协会(EIA)注册登记	多位数字	该器件在美国电子工业协会(EIA)的登记号	A B C D	同一型号的不同级别例： JAN 2 N 3553 3553—EIA登记号 N—EIA注册标志 2—三极管 JAN—军用品

欧洲半导体分立器件型号命名法

第一部分		第二部分				第三部分		第四部分	
用字母表示使用材料		用字母表示类型及主要特征				用数字或字母加数字表示登记号		用字母对同一型号器件进行分级	
符号	意义	符号	意义	符号	意义	符号	意义	符号	意义
A B C D R	锗材料 硅材料 砷化镓材料 锑化铟材料 复合材料	A B C D E F G H K L	检波二极管、开关二极管、混频二极管 变容二极管 低频小功率三极管 低频大功率三极管 隧道二极管 高频小功率管 复合器件及其他器件 磁敏二极管 开放磁路中的霍尔元件 高频大功率三极管	M P Q R S T U X Y Z	封闭磁路中的霍尔元件 光敏器件 发光器件 小功率可控硅 小功率开关管 大功率可控硅 大功率开关管 倍增二极管 整流二极管 稳压二极管	三位数字	代表通用半导体器件的登记序号	Q B C D E ……	表示同一型号的半导体器件按某一参数进行分级的标志。 例： A F 239 S S—器件的S级 239—通用器件登记号 F—高频小功率三极管 A—锗材料
						一个字母二位数字	代表专用半导体器件的登记序号		

晶体三极管的质量鉴别

(1)可用万用电表的 R×100 或 R×1 k 挡测量。第一步,判断基极。先任选管子的一个电极假定为基极,用万用表红笔连接,然后再用黑表笔分别接触另外两个电极,测得情况可能有三:①如果测得两个电极均为要阻值,说明假定的是正确的,是 PNP 型的晶体管。若是将黑表笔接假定基极,如果测得两个电极均为低阻值,则是 NPN 型管子。②若为高阻值则不能确定是基极,应反表笔连接再测试。③若测得的结果一个是高阻值,一个是低阻值。则说明假定是错的。须重新假定。第二步,判断集电极和发射极。只要鉴别其中的一个,则另一个也就确定了。下面以 PNP 型管为例,介绍一下鉴别方法。

先用红表笔接触一个电极,假定为集电极,再用黑表接触另一个电极,假定为发射极,然后用手指捏住 b、c 二极,此时只要 b、c 二极不短路,即可得到一个电阻值读数,在反向假设一次,将两个电阻值读数比较,哪一次读数较小,则说明哪一次假定是对的,红表笔接的是集电极。

同理可鉴别 NPN 型管,只需把红黑两笔对调使用即可。

(2)鉴别晶体管的近似 β 值,I_{ceo} 稳定性和噪声等,可像前述鉴别集电极和发射极那样,用红表笔接集电极,黑表笔接发射极,先单独测 c-e 间直流电阻值,此值越大越好。阻值越大,说明管子 I_{ceo} 小。一般阻值在 30～50 kΩ。若测量时电阻值不稳定,慢慢变小,则说明管子噪声大,稳定性差。在测量 I_{ceo} 的基础上,在晶体管的集电极 C 与基极 b 之间连上一个 100 kΩ 的电阻 R_b,再测 c—e 的电阻,其读数与测 I_{ceo} 时的读数比较,相差大,表示 β 值越大。

带阻晶体管的检测

由于带阻晶体管的特殊结构,如附录图 2-1 所示。如用万用表按普通三极管的测量方法来检查,很难鉴别其好坏。正确方法是将万用表黑笔接集电极,红表笔接发射极,用 R×1 k 挡进行测量时,表针应基本不动,然后用摄子或导线将基极与集电极短接,如表针偏转一角度,则表示所测管基本正常。

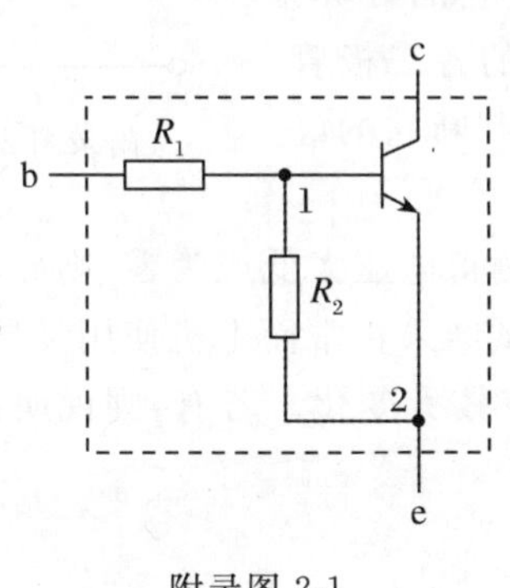

附录图 2-1

附录图 2-2

阻尼行输出三极管的判断

彩电的行输出电路中，采用阻尼行输出管，其结构如附录图 2-2 所示。

由图可见，行输出管内部的 b、e 极之间并联了一只 20 Ω 左右的电阻以防止过强的输入脉冲损坏管子。同时，管子内部的 c、e 极之间并联一只二极管起阻尼作用。正常时，用万用表 R×10 挡测量阻尼行输出管的 c、e 极之间和 c、b 极之间的正、反向电阻，正向电阻应明显小于反向电阻，显现单向导电特性，而测 e、b 极之间的正、反向电阻时，读数均为 20 Ω 左右，否则表明管子已坏。

场效应管的质量鉴别

用万用表 R×100 或 R×1 k 挡。将黑表笔接场效应管漏极 D，红表笔接源极 S，此时电表指针应有很大的偏转，两表笔对调，指针偏转相同，这时若用手指摸栅极 G，指针返回原点，手指离开栅极后，指针应继续偏转如初，如测量时指针不偏转，或偏转后用手摸栅极时不返回原点，以及手指离开栅极后指针仍留在原点不继续偏转，均说明场效应管已坏。下表为万用表测量场效应管各电极的情况。

万用表 R×1 k 档	黑笔接 G 红笔接 D	红笔接 G 黑笔接 D	红笔接 S 黑笔接 D	黑笔接 D 红笔接 S
N 沟道	几十欧至几千欧	∞	几十欧至几千欧	几十欧至几千欧
P 沟道	∞	几十欧至几千欧	几十欧至几千欧	几十欧至几千欧

高压整流硅堆的检查方法

方法 1　按附录图 2-3 所示进行检查。

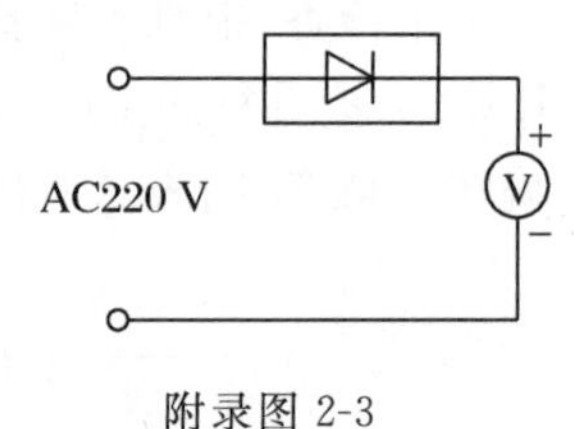

附录图 2-3

因为高压整流硅堆是由多个二极管串联而成的，故二极管组本身压降较大。所以，用万用表电阻挡无法检查它的好坏。因为万用表内部电池电压较低，无法使高压硅堆中的各二极管正向导通，因而测得正反向电阻值都很大，无法以此判断它的好坏。因此，可以用市电进行检查。

若测得电压太大，则硅堆内部部分击穿短路；若测得电压太低或为零，则硅堆内部开路或接触不良(可用正常硅堆进行比较)。若上述测试结果正常而上机使用又异常时，用电烙铁靠近高压硅堆加温测试，观察测试结果是否有较大变化。若有，则说明硅堆性能不良。

方法 2　如附录图 2-4 所示。

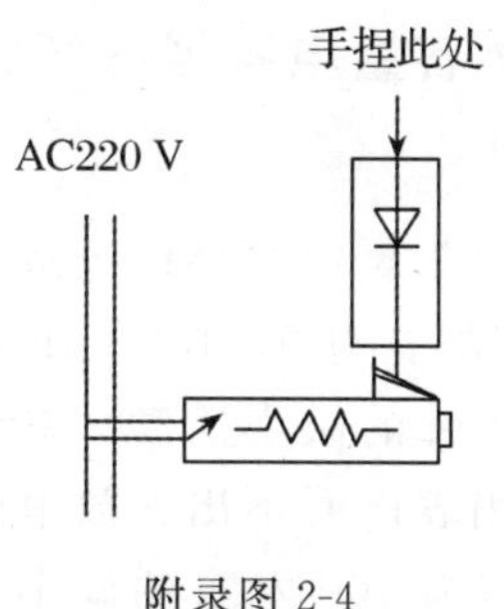

附录图 2-4

若试电笔氖管两端发亮,则硅堆短路。若氖管不亮,则硅堆开路。若氖管一端发亮且亮度和使用正常硅堆测试的所观察的相同,则说明硅堆正常,若过亮则说明硅堆内部部短路;若过暗则说明内部接触不良。

全桥堆的质量判别

桥堆结构如附录图 2-5 所示。用万用表 R×1 k 挡测量各臂的正向电阻约 4 kΩ 正常,若阻值很小或为零,则一管短路;若阻值大于几千欧或几十千欧,则一管开路。用 R×10 k 挡测量各臂反向电阻应大于几十千欧。若仅大于几千欧,则一管或多管漏电,若等于几千欧或小于几千欧,则有一管或两管击穿,若为零,则测试端上二极管短路。

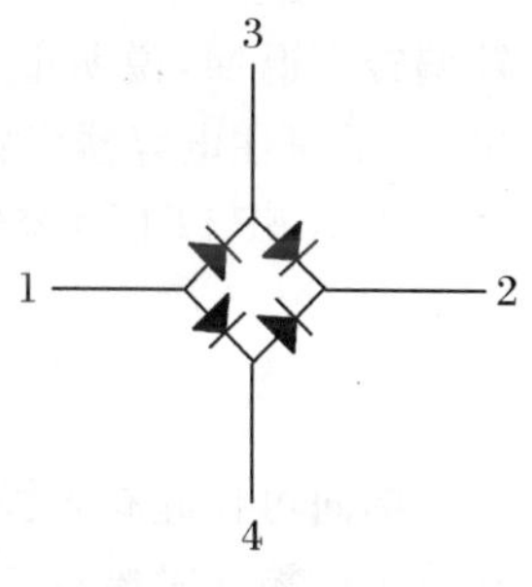

附录图 2-5

红外发射管的简易检测法

用一支光敏二极管与万用表 R×1 k 挡正向连接后去靠近发射管,如果万用表指针向阻值小的方向偏转,就表明红外发射有效。在检验时为了保证检验的准备性,应在光暗处进行,可用书把周围亮光挡住。用此方法可方便地检测红外遥控发射器、CD 机和影碟机发射头,可以根据光敏管接收后的阻值,估测发射能力的强弱。

光敏电阻的检测

光敏电阻是利用半导体的光电效应制成的一种光敏元件。它的阻值是随入射光的照度而相应的改变。当照度低,其阻值变大,随着照度增加,其阻值逐渐减少。在电视机中利用光敏电阻制成自动亮度图像最优控制(OPC)电路。

用万用表检测光敏电阻的方法是:把光敏电阻放在暗处,用万用表的 R×1 k 挡测量其阻值,然后逐渐移至亮处(同时逐渐改变 R 的挡极),并记下其阻值的变化。良好的光敏电阻其阻值变化范围较大(约几十千欧至几十欧),而且阻值变化均匀,如果所测阻值很大且不变化,说明它已损坏,如果光敏电阻阻值减小速度太快或变化不均匀,均属特性不良。

判别小容量电容器好坏的方法

若电容器容量在 1 μF 以上，可根据电容器的充放电特性，用万用表 R×10 k 挡判别好坏。对 0.01～1 μF 的电容器，用万用表判别只能看出指针的微小摆动。对于 0.01 μF 以下的电容器直接用万用表已看不出充放电的现象。但可采用下面方法：用 β 值为 100 左右的硅小功率三极管与万用表电阻档如附录图 2-7 连接，然后，将待测电容器接在三极管的 b、c 极上，如万用表指针有较明显的顺时针偏转，然后按逆时针方向退回∞处，说明该电容器是好的。如不能回到∞处，说明该电容器有一定的漏电电阻。如果指针不偏转，说明电容器断路。如果指针偏转不退回，说明电容器击穿。另将电笔插在火线孔里，一手捏住电容器引脚，另一引脚去触碰电笔后端金属，氖灯亮的话说明没有断路。此法对于 10pF 以上电容器都行，且容量愈大氖灯愈亮。

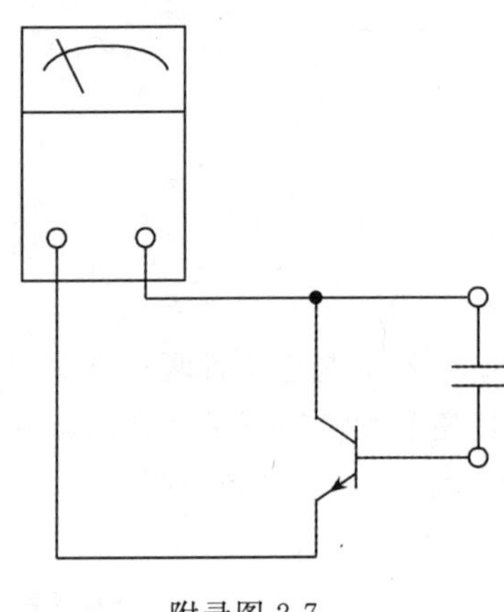

附录图 2-7

可控硅电极的快速判定法

单向可控硅有阳极 A、阴极 K 和控制极 G，双向可控硅有主电极 T_1、T_2 和控制极 G，在使用可控硅时要对三个电极进行测定。快速方法是用万用表的 R×1 Ω 挡测量三个脚间的电阻，规律是：单向可控硅的 A 极和其余两极均不通（R=∞），可定出 A 极，余下是 G 极和 K 极。这两脚间黑表笔接 G 极时电阻较小，即可定出 G 极和 K 极。双向可控硅的 T_2 极和其余两极均不通，可定出 T_2 极，余下两脚是 G 极和 T_1 极。红表笔接 G 极时这两脚间的电阻较小，可定出 G 极和 T_1 极。

LED 数码管简易检查

LED 数码管如附录图 2-8 所示，是将条状发光二极管共负（或共正）连接。而将另一极作为控制端分别引出组成“8”字形。LED 数码管外观要求颜色均匀、无局部变色及无气泡等。在业余条件下可用干电池作进一步检查。LED 数码管的共阴与共阳两种数码管，如附录图 2-8 所示。现以共阴数码管为例介绍检查方法。

将 3 伏干电池负极引出线固定接触在 LED 数码管的公共负端上，电池正极引出线依次移动接触及正端时，那一笔划就应显示出来。由此可检查断笔（某笔画不能显示），连笔（某些笔划连在一起），并且可比较出不同笔划发光的强弱性能。若检查共阳极数码管，只需将电池正负极对调一下即可。

LED 数码管每笔划工作电流 I_{LED} 约在 5～10 mA 之间，若电流过大会损坏数码管，因此必须加限流电阻，其阻值可按下式计算：

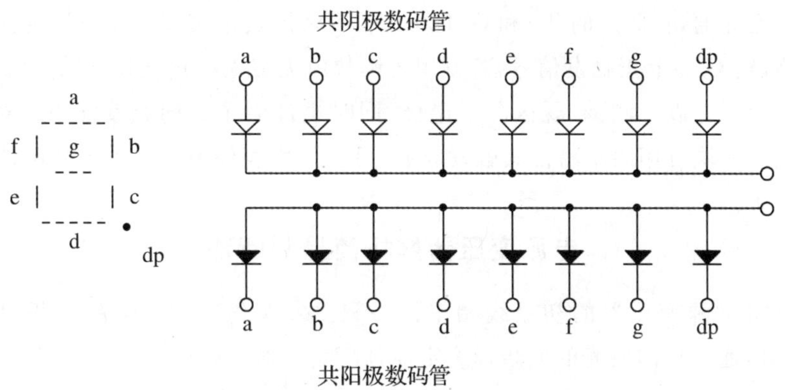

附录图 2-8　共阴、共阳极数码管

$R_{限} = (U_0 - U_{LED})/I_{LED}$

其中 U_0 为加在 LED 两端电压，U_{LED} 为 LED 数码管每笔划压降(约 2 V)。

消磁电阻的质量判别

在室温下测得其阻值应与标称值相同，但一般若小于 8 Ω 或大于 50 Ω 则认为阻值不良或损坏。若正常，可用电吹风等加热设备给其加温，此时若测其阻值应随温度升高而增大，否则即为损坏。

快速挑选双联电位器

首先用万用表欧姆挡分别测量同步电位器上两个单联电位器的阻值。如附录图 2-9 中 1－3 与 1′－3′之间阻值。正常情况下两个阻值应该相等，否则电位器质量不合格。如果相等，再用导线将 1、3′两点短接，然后测量 2、2′之间阻值，无论怎样转动同步电位器的转轴，万用表的指针应始终保持在 1－3 或 1′－3′之间的阻值的刻度上。如果在旋转柄的过程中指针有偏转，说明电位器同步跟踪不好，指针偏转越大，证明同步跟踪偏差也越大。用此方法也可测量直滑式同步电位器。

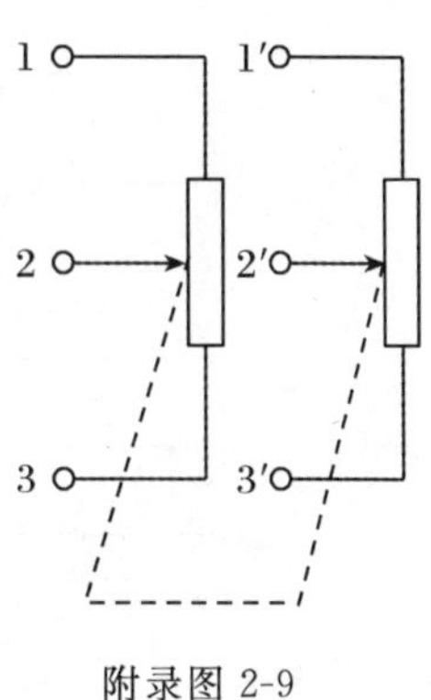

附录图 2-9

双向可控硅的测试

将万用表置于 R×1 挡测可控硅任意两个电极，若测得两个电极间的正、反电阻均为几十欧，而另一极与这两个电极间的电阻都很大，则另一极为 T_2 极。再判定 T_1 和 G 极，在这两脚中先假定一个为 T_1，另一脚为 G。将黑表笔接 T_1，红表笔接 T_2，使 T_2 与假定的 G 瞬间短路，给 G 加上负触发信号，若万用表读数由无穷大变化到几十欧并维持不变，说明可控硅已导通，且假定的 T_1 和 G 正确。然后将黑表笔接 T_2，红表笔接 T_1 使 T_2 与 G 瞬间短路，给 G 加上正触发信号，若万用表读数由无穷大变化到几十欧并维持不变，说明可控硅已导通。以上测试，既区分了电极，同时也证明了双向触发能力。对功率较大的可控硅仅用一块万用表不易使其触发导通，可在万用表外串一节 1.5 V 电池再测试。

电源变压器好坏简易判断法

判断时将电源变压器的初级线圈串接一只 220 V/30－60 W 的白炽灯后再接入 220 V交流电，通过灯泡发光的明暗程度定性判断交压器的好坏。

当把串有灯泡的变压器接入 220 V 交流电时，若灯泡发暗红色的光，则证明变压器空载功率小，线圈无短路，且使用时发热最小，是一只较好的电源变压器。若灯泡发白光，再短接变压器的次级线圈接头，灯泡亮度无变化，证明变压器初级或者次级线圈严重短路。若灯炮发黄光，当短接电源变压器次级线圈接头时，灯泡转发白光，则说明变压器空载功耗大，且线圈还可能存在局部短路，使用时变压器容易发热，长时间工作变压器容易烧坏。串联灯泡时，变压器的功率应与灯泡瓦数相配，如附表 2-1 所示。

附表 2-1

电源变压器功率(瓦)	灯泡功率(瓦)
10～15	5
15～25	10
25～40	15～25
40～60	25～40
60～100	40～60
100～150	60～80
150～200	80～100

一种判断变压器线圈同名端的方法

如附录图 2-10 所示，在线圈 L_1 两端接上 3 V 电池和按健开关，L_2 端接一只 LED。S 接通时如 LED 闪亮一下，则电池正极与 LED 的正极是同名端；而断开 S 时，LED 闪亮一下，则电池正极与 LED 的负极是同名端。若绕组匝数相差大时，应在 LED 上串一只限流电阻。

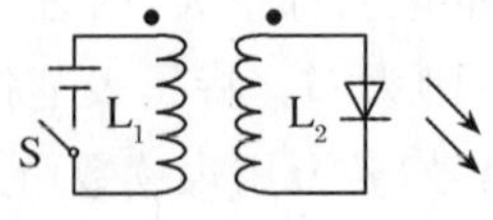

附录图 2-10

测试线圈短路故障简法

将正常的收音机的磁棒插入被测线圈中，此时若收音机无声或声音明显变小，则说明线圈内部出现了短路故障，否则就说明无短路故障。其原理是：晶体管收音机的磁棒上如有一个短路匝套上，这个短路线圈就会把磁棒所接收到的高频信号短路掉，使收音机的声音变小或无声。

常用三端集成稳压器的简单测试 1

稳压器好坏的简单判断是用 R×100 挡，检测输入端与输出端的正反向电阻值，正常时，阻值相差在数千欧以上；如果阻值相差很小，接近零，证明已损坏。

常用三端集成稳压器的简单测试 2

比较简单可靠的办法是加电测试，如附录图 2-11 所示。在 78xx 系列稳压器 1、2 脚加上直流电压 U_i，一定要注意极性：U_i 应比稳压器的稳压值至少高 2 V，但最高不要超过 35 V。将万用表打至直流电压挡，测量 78xx 稳压器 3 脚与 2 脚之间的电压，若数值与稳压值相同，则证明此稳压器是好的。此电路还可以用来测试三端固定稳压器的输出电压。若已知稳压器是好的，但由于其上型号不清而不知其具体的稳压值。则按图使 $U_i=$ 30 V，万用表测量的电压值即是稳压器的稳压值。

在电路中，若怀疑稳压器有问题，首先应测量输入电压 U_i 是否正常，若 U_i 正常则断掉负载，再测量稳压器输出电压是否正常，若正常则说明负载有短路或击穿；若仍不正常则说明稳压器本身有故障。

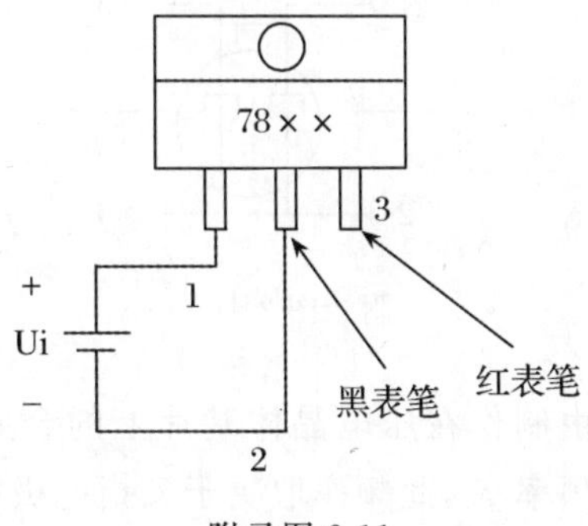

附录图 2-11

判断晶振好坏的简单方法

先用万用表（R×10 k 挡）测晶振两端的电阻值，若为无穷大，说明晶振无短路或漏

电；再将试电笔插入市电插座的火线孔内，用手指捏住晶振的任一脚，将另一引脚碰触电笔顶尖的金属部分，若试电笔氖泡发红，说明晶振是好的；若氖泡不亮，则说明晶振损坏。

判断晶振和陶瓷滤波器好坏的简便方法

晶振和陶瓷滤波器都是在压电材料两面涂上银层，再在银层上焊上电极引线作引脚，再经封装而制成的。这两种元件就像是一个小电容器，用测量小电容器的方法来判断晶振和陶瓷滤波器的好坏比较可靠。

方法：把万用表拨到 R×10 k 挡，用两只 NPN 型三极管接成达林顿管后再接到万用表上，如附录图 2-12 所示。

如果万用表的指针像测量电容器一样，是从无穷大向右边微徽摆动一下，说明被测元件是好的；如果表针不动，说明被测元件内部断路；如果测出被测元件两个引脚间的电阻很小，说明内部短路。

需注意的是，在每次测量前，应将晶振或淘瓷滤波器的两个引脚短路，以便把其内部储存的电荷放掉；由于达林顿管的放大系数很高，测量时人手不要碰被测元件的两个引脚，以免影响测量结果。

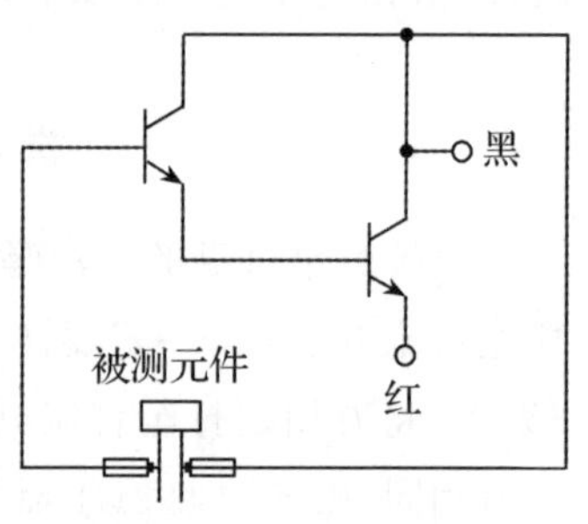

附录图 2-12

声表面波滤器的检测

SAW 的电路符号和内部电极如附录图 2-13 所示。

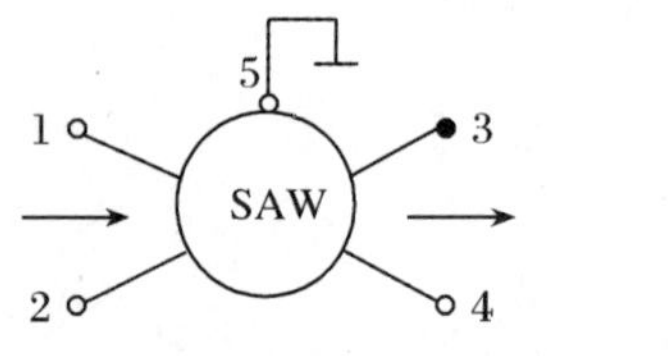

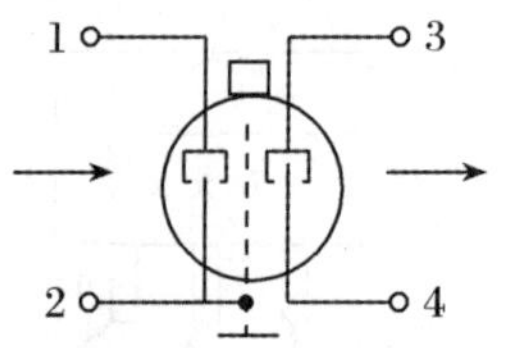

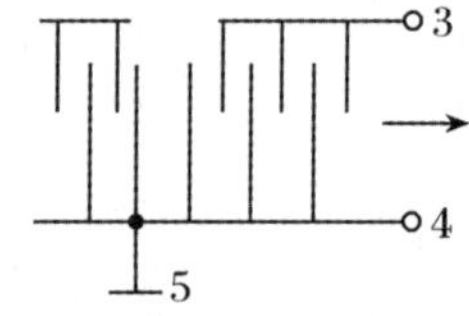

附录图 2-13

由图可见，SAW 一般是由制作在压电晶体基片上的金属叉指型电极构成的。叉指型换能器有其特有的声同步频率 f_0，此频率取决于叉指电极的几何尺寸。当外加电信号的频率 f 等于它的声同步频率 f_0 时，信号的传输效率最高；当信号频率偏离 f_0 时，传输的信号就受到衰减，因此 SAW 就具有一定带宽的带通特性。

对于性能良好的声表面波滤波器，用万用表测量其两个输入电极之间的电阻或两个输出电极之间、以及它们与屏蔽电极之间的电阻很大，若很小，就表明内部电极短路，SAW 已损坏。因为相互交错的叉指形电极间距很小，所以有时会被击穿而形成短路。

用双万用表判断光电耦合器

光电耦合器内部均包括一只发光二极管和一只光敏三极管，可用一块万用表像判别普通二极管那样来判别发光二极管的正负极，但在判别光敏三极管的集电极和发射极时，正反向电阻都很大，因而很难区分。可用两块万用表进行判别：先将一块万用表放在R×10 挡，黑表笔接发光管的正极，红表笔接发光管的负极，为发光二极管提供驱动电流。将另一块万用表放在 R×100 挡同时测量③、④端的阻值（对于 6 脚型为④⑤端），然后交换③、④脚上的表笔，两次中一次测得阻值较小，约几十欧，这时黑表笔接的就是光敏管的集电极。保持这种接法，将接①②脚之间的万用表放在 R×100 挡，如这时③④脚之间阻值有明显变化，增至几千欧说明光电耦合器是好的。如果③④脚之间的阻值不变或变化不大，说明光敏管损坏。

常见光电耦合器内部电路和引脚如附录图 2-14 所示。

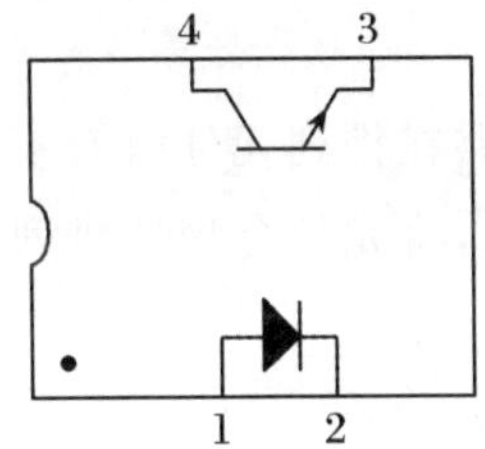

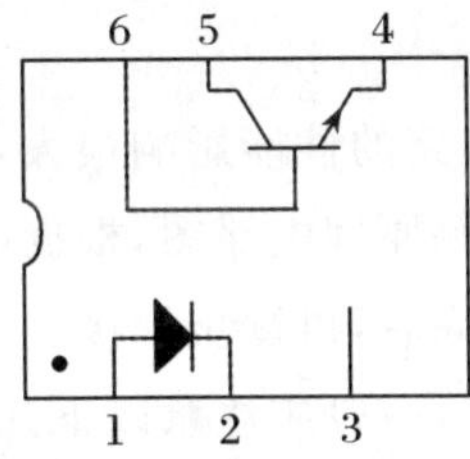

附录图 2-14

附录二　安装和焊接的基本技术

安装和焊接技术是电子电路装配工作的基本技术，它是电子电路从理论设计到实物制作的一个重要过程。安装和焊接技术质量的好坏，直接影响到制作电路的性能和可靠性等。有时因为虚焊、焊点脱落等造成电路不通，致使制作的电路不能正常工作。因此，电子电路的安装和焊接的基本技术也是我们应该了解和掌握的。

一、安装的基本知识

1. 元件的排列

元件的排列对电路的性能影响很大，不同电路在排列元件时有不同的要求，因此，在动手安装前，应先了解原理电路图，根据电路要求，将元件合理地排列在印刷电路板底板上，有了一个整体布局后，再逐步焊接。

考虑元件排列时，一般应注意以下几点：

(1)合理安排输入、输出、电源及各种可调元件(如电位器、可变电容等)的位置。力求使调节方便与安全。

(2)输入电路与输出电路不要靠近：避免因寄生耦合产生自激振荡。

(3)各元件间的连线应尽量做到短和直，尤其是高频部分的接线，更应尽可能的短，但应同时注意整齐、美观。为便于检查，引线的颜色也力求有规律，通常高压用红色、地线用黑色或裸铜线。

(4)要注意电解电容正极接高电位，负极接低电位，不要放在瓦数较大的电阻旁边，防止电容过热。

2. 元件的固定和连接

为了保证电路能正常地、耐久地工作，对元件的安装和连接必须十分牢固，并能经得起震动。所以在装配时应注意以下几点：

(1)体积大的元件必须用支架固定，不能光靠焊接固定。装在印刷电路板上的小型变压器等，要把插入的外罩弯过来压紧后再焊接。而体积较小的元件(如电阻、瓷管或云母电容等)可以架空，或直接联接在管座上，这样接线较短，排列紧凑，适用于高频电路。

(2)任何元件和接线相互之间都不能悬空和晃动，必须用接线架固定或用铆钉固定在胶木底板上。

(3)元件上的接线需要绝缘时,要套上绝套管,并且要套到底。

(4)凡是接地的元件要有良好的接地。对于铁底板由于导电性能不好和不易焊接,可以底板上用粗铜线(常用1～1.5 mm镀银铜线)架一根地线。对铆钉板也一样,用稍粗一些的铜线选连接一根地线。如果是印刷电路板,则地线应是稍粗一些的线条。

总的来说,无论联接什么元件,应将标明元件数值的一面朝外,易于辩认和维修。

二、基本焊接技术

1. 电烙铁的使用

电烙铁是焊接的主要工具,它的结构主要部分是烙铁头和烙铁芯。烙铁头是用导热性良好的紫铜做成;烙铁芯是在用云母绝缘的筒上的电阻丝制成。烙铁头插入传热筒中受到烙铁芯的加热。

常用的烙铁按功率分有20 W、25 W、35 W、45 W、75 W、100 W和200 W。根据焊接点处的面积大小及散热的快慢决定所选用电烙铁的功率。焊接一般晶体管电路可以选用25 W和45 W的电烙铁;焊接超小型化的晶体管集成电路最好选用20 W内热式电烙铁,一般的25 W电烙铁亦可用。

正确使用电烙铁是做好焊接工作的必要条件,使用时应注意以下几点:

(1)烙铁铜头上锡。

新烙铁在使用前,先用细锉刀轻轻把烙铁头表面的氧化物锉干净,并锉成10°～15°的斜角,然后接通电源,当烙铁头加热到开始变成紫色时,先在它上面涂上一层松香,再将烙铁放到焊锡上轻擦,使烙铁头均匀地涂上一层薄薄的锡。对于旧烙铁,如果烙铁头表面上有一层黑色氧化物或出现凹坑,都须用锉刀锉除,然后按新烙铁上锡的方法重新上锡。

(2)经常调节烙铁的温度,防止“烧死”。

烙铁经过长时间通电使用以后,因为加热过度,将烙铁铜头氧化,氧化部分不再传热,锡也沾不上去,这种情况就叫“烧死”。要重新做上锡处理后才能使用,为了保护烙铁在加热一定时间后(约2～3小时),就拔除电源冷却一下,然后再加热继续使用。

(3)使用烙铁时,不能猛力敲打,以免烙铁芯损坏。

2. 焊料和焊剂

焊接是依靠焊剂的化学作用,通过电烙铁加热将两种或两种以上的金属良好地熔合起来。因此焊料和焊剂是焊接中必不可少的材料。

(1)焊料

焊接电子电路所用的焊料,一般要求是:熔点低、凝结快、附着力强、坚固、导电率高而且表面光洁。通常都是使用熔点在250 ℃左右的铅锡合金作为焊料,称为焊锡。在焊锡中加入一些锑,可以增强它的坚固性。常用的焊锡其成份为:

锡 30%	铅 68%	锑 1.5～2%	熔点 240 ℃
锡 40%	铅 58%	锑 1.5－2%	熔点 210 ℃
锡 63%	铅 36%	锑 0.5－21%	熔点 190 ℃

焊锡通常是做成条状。我们常见的焊锡丝，是将焊锡做成直径为 2～4 mm 的细管状，在管中装有松香，又称松香焊锡丝。用它焊接电子电路时，不必再加焊剂，使用非常方便。

(2)焊剂

表面经过清洁处理的金属导体，在加热焊接时，金属表面又会很快被氧化，生成一层氧化膜，妨碍金属的良好熔合，所以焊接时必须使用焊剂去除氧化物和防止金属表面在熔接过程中继续氧化。

焊接电子电路时，常用松香作焊剂，因为当松香受热气化时，能将金属表面的氧化膜同时带走，它还具有价廉、没有腐蚀性、干后也不易沾积灰尘等优点。也可把松香压成粉末溶于酒精中，制成液体松香(一份松香放五份以上的酒精)来使用。此外，还有用氯化锌溶液或酸性焊膏等作焊剂的，但焊接后还必须将残余的溶液或焊膏擦净，以免焊接处被腐蚀。

3.焊接方法

焊接技术是电子电路实验技能中的基本技能。焊接质量的好坏就看连接的牢固程度。

焊接前焊件的清洁工作是保证焊接质量的关键。一般金属暴露在空气里，时间久后就会氧化，而氧化物对焊锡吸附力小、导电性能差。因此，焊接前一定要将焊件和焊接点的金属表面用小刀或砂纸刮除其表面的绝缘漆或氧化层，至呈现金属光泽为止，随即上锡。然后再将焊件与焊接点焊接。这样既保证质量，又能提高焊接速度而不至于烫坏元件。对已经上过锡的印刷电路板或电子元件，如果因放置时间长而被氧化失去光泽，也必须重新上锡。如果不重视这道工序，不仅焊不牢，还容易造成虚焊。

(2)烙铁头温度和焊接时间要适当。

焊接时，只有当烙铁头的温度高于焊锡的熔点，并掌握好焊接时间和烙铁头与焊件的接触面，才能使焊锡牢固地附着在印刷电路板上。

如果烙铁的功率太小或焊接时间太短，使焊接点处温度低，则焊出来的焊点锡面不光滑、结晶粗脆。同时由于温度低、焊剂也未充分挥发，在焊锡和金属面之间就会隔一层焊剂，形成“虚焊”。反之温度过高、焊接时间过长，易使焊件(如晶体管、电解电容等)烫坏或变值，还会损坏印刷电路板。

(3)焊接时，应以烙铁头的斜面去接触焊接点，这样受热面大、焊接快而好，而不要只接触一个点，更不要将烙铁头在焊接点上来回移动或用力下压。

(4)焊接点上的焊锡量要适中。

焊接点处的焊锡量过少,会焊接不牢,尤其是对大功率元件。但焊锡过多,则内部不易焊透,有时反而不牢。同时还容易和附近的焊接点发生短路。

(5)在焊锡还没有凝固时,切勿移动被焊接的元件或接线,否则易造成虚焊。

(6)印刷电路板的焊接

装配电子电路路常常采用印刷电路板,焊接前先将印刷电路板有电路的一面用较稀的液体松香薄薄地刷上一层。焊接时先将上过锡的元件按电路图分别插入印刷电路板的孔内,然后采用松香焊锡丝作焊料,可以不再另用焊剂,用烙铁将焊点焊牢。

焊接印刷电路板一般采用 25 W 和 45 W 烙铁。焊接时间只须几秒钟就够了,如果时间过长,易使印刷板的铜皮跷起;如果时间太短,会造成虚焊。

(7)铆钉胶木板的焊接

实脸室中往往用铆钉胶木板来焊接电子电路。焊接前先将铆钉刮干净,上好锡。上锡时可用钢针从铆钉孔内穿过,以免焊锡将铆钉孔塞住。将上过锡的元件按电路图分别插入铆钉孔内,然后用烙铁将接点逐点焊牢。通常是一个铆钉孔焊一个元件脚,以保证整齐美观。

(8)晶体管的焊接

焊接前要先认清楚管脚,再将管脚剪到合适的长度,然后上好锡。如果上锡时用焊膏作焊剂,上完锡后必须将管脚上残留的焊膏擦干净,以免腐蚀焊接点。焊接时,用摄子或尖咀钳夹住管脚进行捍接,以增加散热,同时要掌握好焊接时间。

(9)集成电路组件的焊接

集成电路组件的外形有直立和扁平式两种。直立式集成电路组件的焊接方法与焊接晶体管相同。扁平式的集成电路组件由于引脚与引脚之间的间隙很小,焊接易造成邻近引脚短路。因此在焊接前,先将集成电路组件的引脚和印刷电路板上与集成电路相连接的接点处,分别上好锡。焊接时动作要快,最好一次焊成功。

以上所介绍的是安装和焊接的一些基本技术,如何才能掌握装配和焊接的基本技术,只有多实践,才能提高技能。

参考文献

1. 华成英,童诗白.《模拟电子技术基础》.高等教育出版社,2006.5

2. 郑步生,吴渭.《Multisim2001 电路设计及仿真入门与应用》.电子工业出版社,2002.2

3. 西南师范学院,四川师范学院,南充师范学院,重庆师范学院合编.电子线路基础.四川成都,四川科学技术出版社,1985.6

4. 童诗白.模拟电子技术基础(第二版).高等教育出版社,1990

5. 杨长春.电子报合订本.电子科技大学出版社,1999

6. 武汉大学电子线路教材编写组.电子线路实验.人民教育出版社,1979

7. 四川广播电视大学组织编写.电子技术基础课程设计.四川科学技术出版社,1986

8. 曾浩,罗小华.电子电路实验教程.人民邮电出版社,2008.9

9. 康华光,陈大钦.《电子技术基础》模拟部分.华中理工大学出版社,2001.9

10. 伍遵义,吴钰初.《实用电子技术实验与应用》.高等教育出版社,2010.8

11. 网址:http://www.zhenfengdz.com/Article/Electron/27152.html

图书在版编目(CIP)数据

模拟电子技术实验/陈跃华,赵庭兵,王丽丹主编
.——重庆:西南师范大学出版社,2013.4
大学电工与电子技术实验教学示范中心教材
ISBN 978-7-5621-5067-1

Ⅰ.①模… Ⅱ.①陈… ②赵… ③王… Ⅲ.①模拟电路—电子技术—实验—高等学校—教材 Ⅳ.①TN710—33

中国版本图书馆 CIP 数据核字(2010)第 186997 号

大学电工与电子技术实验教学示范中心教材

模拟电子技术实验

MONI DIANZI JISHU SHIYAN

主　　编:陈跃华　赵庭兵　王丽丹

责任编辑:张浩宇
封面设计:戴永曦
出版发行:西南师范大学出版社
　　　　(重庆·北碚　邮编:400715
　　　　网址:www.xscbs.com)
印　　刷:重庆紫石东南印务有限公司
开　　本:787 mm×1092 mm　1/16
印　　张:11
字　　数:240 千字
版　　次:2013 年 6 月第 1 版
印　　次:2013 年 6 月第 1 次
书　　号:ISBN 978-7-5621-5067-1

定　　价:22.00 元